地埋电缆群缆芯温升
计算与数学建模

国网上海市电力公司电力科学研究院
河北科技大学　组　编

傅晨钊　主　编

司文荣　梁永春　副主编

中国电力出版社
CHINA ELECTRIC POWER PRESS

内 容 提 要

本书以地埋电力电缆线路的运行现状为切入点,对现有典型地埋电力电缆线路稳态和暂态缆芯温升评估方法进行分析,通过对地埋电力电缆线路的稳态和暂态温度场特性的分析,给出了不依赖于电缆温度在线监测装置的转移矩阵和暂态热路模型,可以快速准确地计算地埋电力电缆的稳态和暂态缆芯温升,适合现场电缆工程师进行电力电缆动态负荷和应急负荷的管理,有助于提高电力电缆的运维管理水平。

本书共分六章,包括地埋电缆群缆芯温升快速计算的必要性、地埋电缆群缆芯温升评估现状、地埋电缆群稳态温升集总参数模型、地埋电缆群暂态温升集总参数模型、地埋电缆群缆芯稳态温升计算实例和地埋电缆群缆芯暂态温升计算实例。

本书以理论分析为基础,注重实用性,利用大量实例阐述了转移矩阵和暂态热路模型的使用方法,可供设计研究院、电网公司、电缆制造企业、高等院校等相关人员学习使用。

图书在版编目(CIP)数据

地埋电缆群缆芯温升计算与数学建模/国网上海市电力公司电力科学研究院,河北科技大学组编;傅晨钊主编.—北京:中国电力出版社,2022.12
  ISBN 978-7-5198-7123-9

Ⅰ.①地… Ⅱ.①国… ②河…③傅… Ⅲ.①电缆—温度计量—数学模型—研究 Ⅳ.①TM246

中国版本图书馆 CIP 数据核字(2022)第 189745 号

出版发行:中国电力出版社
地　　址:北京市东城区北京站西街 19 号(邮政编码 100005)
网　　址:http://www.cepp.sgcc.com.cn
责任编辑:陈　丽
责任校对:黄　蓓　李　楠
装帧设计:郝晓燕
责任印制:石　雷

印　　刷:望都天宇星书刊印刷有限公司
版　　次:2022 年 12 月第一版
印　　次:2022 年 12 月北京第一次印刷
开　　本:710 毫米×1000 毫米　16 开本
印　　张:11.25
字　　数:194 千字
印　　数:0001—1000 册
定　　价:68.00 元

编 委 会

序

　　地埋电力电缆线路具有受外部环境影响小、运行安全可靠的特点，如今已经成为中国大中型城市输配电网络中最主要的敷设方式，在城市电力供应中起着不可替代的作用。电缆的绝缘状况是电缆可靠性的最重要保证，而缆芯温度正是影响电缆绝缘安全可靠的最重要的参数和指示。电缆载流量是决定缆芯温度的最重要指标。目前世界范围内计算缆芯温升的最主流的方法是国际电工委员会（IEC）发布的相关标准。它在电缆型号的选择，线路的设计及敷设，以及运行和维护中起着重要的作用。但随着城市的发展和布局的变化，用电量的快速增长和改变已成为中国城市发展中的常态，这给供电部门和电气工程师们提出了挑战。例如当电缆的运行工况与设计存在差异、敷设条件和运行环境超出了额定范围、线路需要临时增容以及一些情况下的紧急电力调度时，都需要对电缆群中的各电缆的允许载流量进行核算或估算，这时使用现有标准推荐的方法或其他数值计算方法就会费时费力，无法满足运行时快速决策的需要。因此一种操作简便、不依赖于电缆温度监测、短时间内能够给出较准确结果的方法就具有特别重要的意义。本书正是为满足这一需要而诞生的。

　　本书的作者均是长期从事电缆研究、运行和维护的专家，其中既有从事电缆载流量计算方法研究的教授，更有众多的电力和电缆运行第一线的电气工程师，他们非常了解电缆实际运行中快速计算载流量和温升的迫切需要。在多年研究和应用经验的基础上，他们编写了本书。

　　本书在分析地埋电缆群稳态温度场特性的基础上，利用电气工程师最熟悉的电路分析理论，将热路问题映射为电路问题，提出了一种利用转移矩阵计算稳态缆芯温升的集总参数模型。在给定转移矩阵后，现场工程师可以很方便地用数分钟时间计算出不同负荷电流和不同环境条件下的缆芯温升，从而作出载流量是否合用、是否存在对绝缘有过热危险以及是否可以增容和如何增容的判断，为电缆的运行和负荷的管理提出最佳方案。为进行暂态负荷和短时负荷的管理，需要计算电缆群中各电缆的暂态温升特性。作者在分析地埋电力电缆群暂态温度场特性的基础上，创新性地提出了等效热感的概念。利用等效热容、等效热阻和等效热感，构建自热暂态热路模型和互热暂态热路模型，以此可以对不同时长下的暂态温升进行计算并确定载流量，大大提高了热路模型的应用范围。

本书最大的特点在于，无论是稳态温升还是暂态温升特性的计算，其热路的建模和计算所用的方法都是建立在电路理论及其分析和计算方法上，这对于一般电气工程师都是非常熟悉的基础理论知识和方法，既易理解又易掌握，这就使得电缆工程师们现场快速求取各种工况下缆芯的温升成为可能。此外，虽然本书所提出的计算方法简单、快捷，但这并不是以损失计算精度换取的，书中提供的具有代表性的实际案例，其计算精度与有限元法相比均在 1‰ 左右，完全满足工程问题的需要。本书的另一特点是，在理论分析的基础上，借助丰富的实际案例详细阐述如何在具体工程中构建转移矩阵和暂态热路模型及其参数，案例既有直埋电缆群又有排管电缆群，既有稳态温升计算又有缆芯暂态温升特性计算，这极大地方便了读者的阅读、理解和后续应用。深信该书的出版，会给现场电缆工程师带来帮助。除了极高的实用性，本书所提方法还具有理论和方法上的创新性，因此对相关研究工作者进一步深入该领域的研究也具有参考意义。

除了对本书独有的、作者所提出的方法的阐述外，本书还对目前应用较多的 IEC 标准给出的地埋电缆群电缆载流量计算方法以及常用的数值计算方法结合算例进行了简明扼要的介绍，因此本书除对电缆企业、电力公司、电力设计院、高等院校等相关人员有价值外，也对初次涉及该领域的其他读者有益。

任何理论的创新都不会停止，任何实践都会催生出新的概念、理论和方法，更不用说，电缆及其敷设方式种类多样，本书并未全部包括，相信后续一定会有更多更新的成果出现，以补充本书、完善本书。也相信读者们在本书的使用中有新的经验能帮助本书的完善。

李彦明

2022 年 10 月

于西安交通大学

前　　言

　　地埋电力电缆线路是城市输配电线路的主要方式，地埋电力电缆线路缆芯温升的准确计算是电缆负荷管理的重要依据。通常，电缆设计人员根据相关标准或采用数值计算的方法计算地埋电力电缆群的载流量，电缆工程师根据设计师提供的数据管理地埋电力电缆的负荷。而在实际运行中，电缆工程师希望一种理论模型简单、计算速度快的方法，帮助实时电力电缆负荷的管理。同时，在电力电缆线路运行中，动态增容和应急负荷管理是近期电缆工作者关注的热点问题之一。

　　电力电缆线路的载流能力一直是电缆工作者关注的问题。作者经过多年的研究，提出了利用转移矩阵计算地埋电力电缆群缆芯稳态温升和利用暂态热路模型计算地埋电力电缆群缆芯暂态温升的方法。针对现有工程应用，有必要将转移矩阵和暂态热路模型的理论进行介绍，并举例说明转移矩阵和暂态热路模型的使用方法。本书将有助于电缆工程师掌握转移矩阵和暂态热路模型的使用方法，从而在电力电缆线路运行中，准确把握电缆的动态增容裕量和应急负荷承载能力，提高电力电缆的运维管理水平和利用率。

　　本书首先对现有地埋电力电缆缆芯温升的评估方法进行阐述，然后在对地埋电力电缆稳态和暂态温度场特性分析的基础上，给出了转移矩阵和暂态热路模型的构建原理，并以实例的形式对其求解过程进行了详细的说明。通过实际工程示例的验算，验证了本书所提出理论方法的正确性。

　　本书共分六章。第一章从电网运维管理的角度，阐述了地埋电缆缆芯温升快速评估的必要性；第二章对现有的 IEC 标准、有限元数值计算、真型试验、在线监测等方法进行简要的说明；第三章从地埋电缆稳态温度场特性分析开始，阐述了热阻转移矩阵和热导转移矩阵的构建原理和使用方法；第四章从地埋电缆暂态温度场特性分析入手，阐述了利用"分散＋组合"的方法，将地埋电缆群分解为自热热路模型和互热热路模型，以实例的形式介绍了热路模型的构建原理、热路模型参数的求解方法和使用方法；第五章以工程实例介绍了转移矩阵在直埋和排管两种敷设方式下电缆群稳态缆芯温升评估的使用方法；第六章以工程实例介绍了暂态热路模型在直埋和排管两种敷设方式下电缆群暂态缆芯温升计算的使用方法。

　　本书由傅晨钊担任主编，司文荣和梁永春担任副主编，参与编写的人员还有赵宇洋、纪航、沈东明、周韫捷、聂鹏晨、沈晓峰、王谦、蒲路、赵莹莹、许强、何邦乐、任志刚、吴照国、赵学风、孟峥峥、张莹等。本书主要成果依托国家电网有限公司项目"地埋（直埋、排管）电缆群温升快速算法研究与示范应用（52094018001K）"完成，在此表示感谢。同时，还要向书中所附的参考文献的作者致以衷心感谢。

　　由于时间仓促及水平有限，书稿难免存在疏漏、错误，期望参考本书的电力工作者、研究人员或师生不吝批评、指正。

作者

2022 年 9 月

目　　录

第一章 地埋电缆群缆芯温升快速计算的必要性

近年来，随着我国经济的快速发展和城市化进程的加快，城市的用电量越来越大，城市输配电线路也越来越多。在城市化的进程中，大型城市用地面积越来越紧张。为了节省输配电走廊的占地面积，也为了满足美丽城市建设的需要，大量的城市架空线路逐渐被电力电缆所替代，并逐渐转入地下敷设，其中又以直埋和排管线路应用最为广泛。

随着地埋电力电缆线路越来越密集，以及电网对资产管理效率的要求越来越高，在保证电力电缆线路安全、可靠运行的基础上，深度挖掘电力电缆线路的输送容量，从而准确调配电力电缆线路的长期或短时负荷成为电缆工程师和研究人员关注的重点。而找到一种快速、准确、实时地评估电力电缆线路缆芯温升的方法是先决条件。

第一节 地埋电力电缆线路运行现状

一、用电量增加与新增线路的矛盾

随着经济的高速发展，城市的用电需求量越来越大，需要新增电缆线路以满足供电需求。然而，由于城市可用土地紧缺造成地价持续走高；城市地下管道密集，没有更多的空间容纳更多的电缆；地埋电缆线路的施工成本和造价高，增大了线路的投资，使得新增电缆线路异常困难。因此，无论从经济性还是从节能减排的角度出发，挖掘现有电缆线路的输送潜力才是目前解决供电容量需求与新建线路困难矛盾的有效途径。

二、长期稳态负荷

在电力电缆线路的选型设计阶段，往往根据当地的最高气温作为最高环境温度来计算电缆的额定载流量。由于设计时很难对未来可能的实际运行环境进行准确的预测，导致电缆在运行过程中存在两种情况：①负荷电流过大，将导致电缆缆芯温度超过绝缘层耐受温度，电缆运行寿命缩短，甚至引发火灾；②负荷电流过小，将导致电缆缆芯温度远小于绝缘层耐受温度，使得电缆的利用率降低，不经济。

导致实际运行环境与设计初不一致的原因主要有两点：①随着城市用电量的快速增加，输配电电力电缆线路越来越密集，电缆的敷设情况与设计初的预想不一致，导致了原有计算结果不再适用；②随着社会的发展，温室效应越来越明显，各地的平均气温和最高温度不断升高，也使得设计时选择的标准环境温度不再适用。

因此，如果能够根据实际运行状态和运行环境，实时地对电缆的负荷进行调度和调整，能够在保证电缆运行安全的前提下，使其带负荷能力得到充分发挥。

三、周期性负荷、短时应急负荷和动态增容

一般使用持续负荷载流量作为电力电缆负荷调度的依据，而实际运行中电缆的负荷电流并非固定不变，是呈现周期性变化的，且在某一个相对长的时间段（比如一个月）内日负荷曲线的形状变化不大。由于电缆的热时间常数较大，电缆导体温度（即绝缘温度）的响应滞后于负荷的变化。在这种情况下，采用持续负荷载流量作为电缆线路的电流峰值，则全天内电缆的最高导体温度将小于电缆的长期工作允许温度（交联聚乙烯电缆的长期工作允许温度为 90℃），造成输电线路载流能力的浪费。若根据周期负荷载流量来控制负荷，既不影响电缆寿命，又可以在不增加线路投资的情况下，大幅提高电缆的输送能力。

此外，城市输配电线路还会出现应急负荷。例如：城市中心地段，新增电缆线路的可能性很低，在一些极端情况下，配电网电缆线路会出现短时过负荷的情况；当线路发生故障或检修时，运行中配电网电缆可能作为备用应急线路，短时负荷电流突然增加。一般情况下，应急负荷电流远大于持续负荷载流量。当面对紧急供电需要突然增加电流时，若能以应急负荷载流量控制电缆的最大负荷，不仅能够满足紧急情况需要，也不会对电缆的寿命造成影响。这种解决电力调度中紧急状况下的电力供应问题，短时增加输送容量的做法即动态增容。

无论是周期性负荷，还是动态增容，电缆中的负荷电流均是一个变化的值。由于电缆本体以及周围环境热容的存在，电缆温度不会发生突变，而是随

时间按照类似指数规律逐渐上升。因此，有必要对这些暂态负荷工况下的缆芯温升进行快速、准确地计算，以动态提高电缆输电能力。

第二节　现有缆芯温升评估方法概述

地埋电力电缆缆芯温升的评估与载流量的计算密不可分，而电缆载流量的分析可以追溯到 1893 年，美国学者肯内里（A. E. Kennelly）发表了其在电缆载流量计算方面的研究成果。到 1950 年代，美国研究者内尔（J. H. Neher）和麦克格拉斯（M. H. McGrath）总结了以前的研究成果，形成了电缆载流量计算的系列公式。1969 年 IEC 颁布了第一部电缆载流量计算的标准《电缆—载流量计算》（IEC 60287），并随后不断地对其进行修正。1970 年代后，有限差分首先引入到电缆载流量计算中，目前数值计算方法主要以有限元法为主。2003 年，IEC 颁布了《电缆—载流量计算——有限元方法》（TR 62095），主要介绍了有限元为主的电缆载流量计算方法。近年来，随着光纤技术引入电缆温度监测，利用光纤和热路模型实时监测缆芯温升逐渐得到应用，对保证电缆的安全运行起到了重要的作用。由于地埋电缆外部环境为土壤，而土壤中的水分在不同的深度、不同的点存在差异性，造成了周围土壤的热物性参数是非均匀的，各国研究人员为了提高计算的准确性，采取不同的方法，例如采用分块的热路模型、与天气情况相结合、考虑水分迁移的影响等。

综合现有各种方法，国内外的研究主要集中在以下方面。

一、解析方法

地埋电力电缆线路的线芯温升和载流量计算方法是建立在 A. E. Kennely 假设的基础上，最后由 J. H. Neher 和 M. H. McGrath 完善。国际电工委员会在此基础上颁布了计算稳态额定载流量的《电缆—载流量计算》（IEC 60287）和计算暂态和周期性负荷因子的《电缆周期性和应急载流量计算》（IEC 60853）。加拿大学者乔治·安德斯（George J. Anders）的著作也对这两个标准进行了详细的阐述。解析计算的方法仅给出了单回路电缆或几种典型回路的邻近效应与温升计算公式，部分公式为经验公式。随着城市输配电线路呈现集群化的模式，电缆群间存在较强的电磁感应和热相互作用，使得该方法无法带来更加准确的计算结果。世界各国研究人员也在不断对解析方法进行完善和扩展。

二、数值计算方法

近年来，随着数值计算技术与计算机硬件的快速发展，数值计算方法在电缆载流量与温升计算中得到了日益广泛的应用。数值分析的方法主要有有限元法、边界元法、有限体积法和有限差分法。随着现有各种数值计算工具软件功能的不断完善，载流量的数值计算主要采用 ANSYS/COMSOL 等现有工具软件来完成，其中主要采用的方法是有限元法。有限元法有多种单元形状，可以适应于各种复杂的形状，从而提高计算的精度。因此，有限元法也得到了世界各国研究人员的认可。

与解析计算相比，数值计算方法计算结果更为精确，但对操作人员的理论体系知识要求更高，操作技能或编程能力也要求更高，并不适合于现场电缆工程师使用。大多数情况下，是电缆工程师提出要求，研究人员根据要求进行相关计算，并将计算结果反馈给电缆工程师，从而指导电缆负荷的管理。

对于稳态温升评估或对时间性要求不高的工况，数值计算可以满足工程要求。但对于对时间要求比较高的应急负荷管理，数值计算完成一个暂态温升的计算过程往往需要数个小时的时间，对于含有封闭空气层的排管电缆，还需要耦合求解温度场和流场，可能需要十几个小时，甚至数天的时间完成一次暂态温升的计算，这显然无法满足实时、快速计算缆芯温升的要求。

三、真型试验方法

除解析和数值计算外，研究人员较早开展了地埋电力电缆的载流量试验。载流量的试验往往基于两种目的：①受电力部门的委托开展，针对某一特定区域和特定工况的地埋电缆的载流量进行试验，根据温度测量结果和载流量试验结果给出指导性的建议；②针对解析或数值计算，开展相同模型的真型试验，对计算结果进行验证。无论是哪种情况，受试验成本的限制，试验均只针对具体区域的土壤环境、具体的电缆型号和具体的负荷工况开展试验，不可能对所有的电缆型号、所有的敷设环境、所有的负荷工况进行，时间成本与经济成本均难以承受。这就使得利用真型试验的方法来实现快速、准确、实时地获得地埋电力电缆的缆芯温升变得不可能。

四、在线监测方法

为了准确确定缆芯温升，研究人员开始转向测量电缆表皮温度或新增电缆采用内置测温光纤的电缆，根据所测得的温度按热路模型逆推缆芯温升。由于内置测温光纤直接安装在电缆绝缘屏蔽层，由此处测得的温度推算缆芯温升较为准确，但大部分在运电缆没有内置光纤，只能在电缆表皮安装测温装置，而电缆表皮温度受散热环境、排列方式的影响，表皮温度并非一个等温面，由此推算的缆芯温升本身就具有较大的偏差。而且新增测温装置后，测温装置的可靠性将决定最终计算缆芯温升的可靠性，这就带来了很多的不确定性，同时给后续运维带来了一定的困难。此外，早期敷设的电缆没有安装任何测温装置，将其开挖，再重新安装测温装置，也是不现实的。而正是这部分已经运行较长时间电缆更需要电缆工程师关注，更需要准确评估其剩余寿命和输电能力。

五、热路方法

为了实现温升的快速计算，给出准确的载流量建议，国内外研究人员开展了热路分析的研究，给出了几种建立热路模型的方法。

典型的热路模型与解析计算是密不可分的。IEC 60287 计算公式正是稳态热路模型的求解结果。IEC 60853 不仅给出了代表所有传热媒介的暂态热路模型，也给出了只有两个热阻和两个热容的等效热路模型，并给出了等效热路模型暂态温升的表达式。有研究人员给出了三芯电缆的暂态热路模型。

地埋电缆存在一个面积较大的外部土壤媒介。而传热的基本原理是两者之间存在温差，然后通过热传导的方式从高温向低温区域散热。对于较大的土壤媒介，必然不是所有土壤同一时间参与传热中。在传热学上，往往用傅里叶数和毕渥数来描述这样一个非稳态传热过程。无论是哪种热路模型，均是用集总参数模型来模拟地埋电缆的传热过程，而地埋电缆截面的傅里叶数与毕渥数不能满足简单集总参数的等效需要。也就是说，利用热阻和热容构成的等效热路模型，时间常数固定，不能反映这种非稳态的传热过程，由此必须对模型有所发展和改进。

此外，现有的热路模型大多集中于单根电缆的传热过程分析，而地埋电缆往往呈集群式敷设，电缆间存在强烈的热相互作用。在计算缆芯温升时，不仅要考虑电缆本体发热的影响，同时还有考虑邻近电缆发热的影响。由此，也必须探索电缆间相互传热的机理，研究反映电缆间热相互作用的互热热路模型结构。

地埋排管电缆中存在一个封闭的空气层，在计算额定载流量时，这部分空气层以经验公式计算其热阻。而暂态工况下，这部分空气层的热容特性还很少有人研究，如何对这部分的传热过程进行诠释和表达也需要进行相关研究，并对热路模型进行修正和改进。

六、动态增容策略

电缆线路偶尔会遇到应急情况，需要动态增容。目前，为了动态增加线路的输送容量，采取了两种方法：①按现行技术规程规定的方法即导线允许运行温度不变，根据运行环境实际情况核算线路载流量，对受限线路载流量进行精细管理，如通过在线测量线路的实际风速、日照强度和环境温度计算确定线路的载流量；②按突破现行技术规程规定的方法，环境温度仍按 40℃ 考虑，线路风速和日照强度完全按规程要求设定，提高导线允许运行温度。

方法一是一个发展方向，将缆芯温升或载流量计算方法与环境参数的实时监测紧密结合，根据实际环境参数计算实时载流量和温升，能够准确确定可以增容的负荷，从而指导线路的应急负荷管理。方法二要严格按照规程规定，例如交联聚乙烯电力电缆在承受短路电流时，5s 不超过 250℃；在承受过载负荷时，100h 不超过 130℃，不得超过 5 次。

无论是哪种方法，均需有合适的缆芯温升和载流量计算方法作为支撑。本书探索了地埋电缆群稳态和暂态传热过程，提出了一种新的计算缆芯稳态温升和暂态温升的集总参数模型，在保证计算精确度的基础上，极大地提高了操作的便捷性和计算快速性，能够满足工程现场实时、快速计算缆芯的需要。

第二章 地埋电缆群缆芯温升评估现状

第一节 稳态温升计算标准

电缆额定载流量的计算公式是国际电工委员会（International Electrotechnical Commission，IEC）根据国际大电网会议（ICGRE）1964 年的报告所制定的电缆额定载流量（100％负荷因数）计算标准。随后对该标准经过 40 多年来修改和增补，形成了现在的 IEC 60287 标准。

一、额定载流量

电缆载流量计算公式是根据电缆稳态运行时所形成的热物理温度场微分方程的求解而得到的。图 2-1 给出了由热物理微分方程简化得出单芯电缆和三芯电缆梯状热路图。

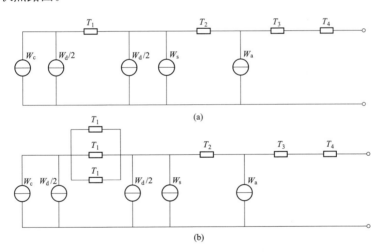

图 2-1 稳态额定载流量计算梯状热路图

（a）单芯电缆梯状热路图；（b）三芯电缆梯状热路图

W_c——电缆导体单位长度损耗，$W_c = I^2 R$，W/m；W_d——导体绝缘单位长度的介质损耗，W/m；

W_s——电缆金属套单位长度损耗，W/m；W_a——电缆铠装层单位长度损耗，W/m；

T_1——一个导体和金属套之间单位长度热阻，K·m/W；

T_2——金属套和铠装之间内衬层单位长度热阻，K·m/W；T_3——电缆外护层单位长度热阻，K·m/W；

T_4——电缆表面和周围介质之间单位长度热阻，K·m/W；

由图 2-1 所示的热路图可以推导出载流量计算公式。电缆载流量计算公式还与电缆所输送电流是交流系统还是直流系统，以及敷设和排列方式有关。此外，在空气中敷设时又有直接受阳光照射和不受阳光照射之分。土壤敷设时，若电缆表面温度超过 50℃，周围土壤发生水分迁移而引起土壤局部干燥，其载流量计算公式也不同。

这里主要介绍土壤直埋电缆额定载流量计算公式，排管、隧道等敷设方式均可由此公式计算。土壤直埋不发生水分迁移时的载流量计算公式为

$$I = \left\{ \frac{\Delta\theta - W_d[0.5T_1 + n(T_2 + T_3 + T_4)]}{RT_1 + nR(1+\lambda_1)T_2 + nR(1+\lambda_1+\lambda_2)(T_3+T_4)} \right\}^{0.5} \tag{2-1}$$

式中　n——电缆（等截面并载有相同负荷的导体）中载有负荷的导体数；

　　　λ_1——电缆金属套损耗相对于所有导体总损耗的比率；

　　　λ_2——电缆铠装层损耗相对于所有导体总损耗的比率；

　　　I——一根导体中流过的电流，即载流量，A；

　　　R——最高工作温度下导体单位长度的交流电阻，Ω/m；

　　　$\Delta\theta$——电缆缆芯相对于环境温度的温升，K。

二、导体交流电阻计算

式（2-1）中，其余参数均与电缆本体结构和外部敷设环境相关，而损耗与通过电缆缆芯导体的电流相关。由于电网大多采用交流供电，则导体最高工作温度下单位长度的交流电阻为

$$R = R'(1 + Y_S + Y_P) \tag{2-2}$$

式中　R'——最高工作温度下导体的直流电阻，Ω/m；

　　　Y_S——集肤效应因数；

　　　Y_P——邻近效应因数。

导体在最高工作温度下单位长度直流电阻为

$$R' = R_0[1 + \alpha_{20}(\theta - 20)] \tag{2-3}$$

式中　R_0——20℃时导体的直流电阻，Ω/m；

　　　α_{20}——以 20℃电阻率为基准的温度系数，1/K；

　　　θ——导体最高工作温度（该值取决于所使用的绝缘材料类型），℃。

集肤效应因数 Y_S 可表示为

$$Y_S = \frac{x_s^4}{192 + 0.8x_s^4} \tag{2-4}$$

$$x_s^2 = \frac{8\pi f}{R'} \times 10^{-7} k_s \qquad (2-5)$$

式中 f——电源频率，Hz；

      k_s——与电缆缆芯导体结构相关的因数。

邻近效应因数 Y_P 与电缆芯数和根数有关，对于二芯电缆或二根单芯电缆，邻近效应因数可表示为

$$Y_p = \frac{x_p^4}{192 + 0.8x_p^4}\left(\frac{d_c}{s}\right)^2 \times 2.9 \qquad (2-6)$$

$$x_p^2 = \frac{8\pi f}{R'} \times 10^{-7} k_p \qquad (2-7)$$

式中 d_c——导体直径，mm；

      s——各导体轴心之间距离，mm；

      k_p——与电缆缆芯导体结构相关的因数。

三芯或三根单芯电缆的邻近效应因数可表示为

$$Y_p = \frac{x_p^4}{192 + 0.8x_p^4}\left(\frac{d_c}{s}\right)^2 \times \left[0.312\left(\frac{d_c}{s}\right)^2 + \frac{1.18}{\frac{x_p^4}{192 + 0.8x_p^4} + 0.27}\right] \qquad (2-8)$$

对于平面排列，s 为相邻相间距，在相邻相之间距不等的场合，$s = \sqrt{s_1 \cdot s_2}$。

三、绝缘损耗（仅适用于交流电缆）

绝缘损耗与电压有关，每相中单位长度的绝缘损耗可表示为

$$W_d = \omega c U_0^2 \tan\delta \qquad (2-9)$$

式中 U_0——对地电压（相电压），V；

      $\tan\delta$——在电源系统和工作温度下绝缘损耗因数；

      ω——工频角频率；

      c——单位长度电缆电容，F/m。

圆形导体电容可表示为

$$c = \frac{\varepsilon}{18\ln\left(\frac{D_i}{d_c}\right)} \times 10^{-9} \qquad (2-10)$$

式中 ε——绝缘材料的介电常数；

      D_i——绝缘层直径，mm；

d_c——导体直径，mm。

四、金属套损耗（仅适用于交流电缆）

金属套或屏蔽中的功率损耗包括环流损耗 λ_1' 和涡流损耗 λ_1''，因此总损耗为

$$\lambda_1 = \lambda_1' + \lambda_1'' \tag{2-11}$$

这一部分对于金属套或屏蔽损耗的计算公式是以金属套或屏蔽损耗与导体的总功率损耗之比表示，对每个特定的情况应指出必须考虑的损耗类型。

（1）单芯电缆公式仅适用于单回路并忽略了接地回路的影响。

（2）对于光滑金属套和皱纹金属套，分别给出计算公式。

（3）对于构成三相线路的单芯电缆，其带电段的金属套两端互联接地的情况，只需要考虑由金属套中环流引起的损耗。带电段定义为电缆线路的一部分，其两端的所有电缆金属套或屏蔽均牢固互连后接地。

（4）通常也允许线路中某些点之间增加间距。

（5）对大截面分割导体的电缆，由于计及金属套中涡流损耗，则损耗因数应予以增加。

（6）对交叉互联，认为各小段电性完全相同且金属套中由环流引起的损耗可忽略是不符合实际的。

（7）考虑金属套电阻所用铅和铝的电阻率和温度系数。

若两根单芯电缆或三根单芯电缆（三角形排列）带电段金属套两端互联，损耗因数可表示为

$$\lambda_1' = \frac{R_s}{R} \cdot \frac{1}{1 + \left(\frac{R_s}{X}\right)^2} \tag{2-12}$$

$$X = 2\omega \times 10^{-7} \ln\left(\frac{2s}{d}\right) \tag{2-13}$$

式中 R_s——在最高工作温度下电缆单位长度金属套或屏蔽的电阻，Ω/m；

X——电缆单位长度金属套或屏蔽的电抗，Ω/m；

s——所考虑的带电段内各导体轴线之间的距离，mm；

d——金属套平均直径，mm。

对于正常换位带电段金属套两端互联且平面排列的三根单芯电缆，损耗因数的计算公式与式（2-12）相同，但系数 X 可表示为

$$X = 2\omega \times 10^{-7} \ln\left[2\sqrt[3]{2}\left(\frac{s}{d}\right)\right] \tag{2-14}$$

对于双端接地电缆，涡流损耗可以忽略。

对于单端接地的单芯电缆，只存在涡流损耗，可表示为

$$\lambda_1'' = \frac{R_s}{R}\left[g_s\lambda_0(1 + \Delta_1 + \Delta_2) + \frac{(\beta_1 t_s)^4}{12 \times 10^{12}}\right] \tag{2-15}$$

$$\beta_1 = \sqrt{\frac{4\pi\omega}{10^7\rho_s}} \tag{2-16}$$

$$g_s = 1 + \left(\frac{t_s}{D_s}\right)^{1.74}(\beta_1 D_s 10^{-3} - 1.6) \tag{2-17}$$

式中　t_s——金属套厚度，m；

ρ_s——金属套的电阻率；

D_s——金属套外径，m。

三角形排列的单芯电缆，λ_0、Δ_1 和 Δ_2 可表示为

$$\lambda_0 = 3\left(\frac{m^2}{1 + m^2}\right)\left(\frac{d}{2s}\right)^2 \tag{2-18}$$

$$\Delta_1 = (1.14m^{2.45} + 0.33)\left(\frac{d}{2s}\right)^{(0.92m+1.66)} \tag{2-19}$$

$$\Delta_2 = 0 \tag{2-20}$$

$$m = \frac{\omega}{R_s}10^{-7} \tag{2-21}$$

对于平面排列三根单芯电缆构成回路的中间相电缆，λ_0、Δ_1 和 Δ_2 可表示为

$$\lambda_0 = 6\left(\frac{m^2}{1 + m_2}\right)\left(\frac{d}{2s}\right)^2 \tag{2-22}$$

$$\Delta_1 = 0.86m^{3.08}\left(\frac{d}{2s}\right)^{(1.4m+0.7)} \tag{2-23}$$

$$\Delta_2 = 0 \tag{2-24}$$

对于外侧超前相电缆，λ_0、Δ_1 和 Δ_2 可表示为

$$\lambda_0 = 1.5\left(\frac{m^2}{1 + m^2}\right)\left(\frac{d}{2s}\right)^2 \tag{2-25}$$

$$\Delta_1 = 4.7m^{0.7}\left(\frac{d}{2s}\right)^{(0.16m+2)} \tag{2-26}$$

$$\Delta_2 = 21m^{3.3} \left(\frac{d}{2s}\right)^{(1.47m+5.06)} \tag{2-27}$$

对于外侧滞后相电缆，λ_0、Δ_1 和 Δ_2' 可表示为

$$\lambda_0 = 1.5\left(\frac{m^2}{1+m^2}\right)\left(\frac{d}{2s}\right)^2 \tag{2-28}$$

$$\Delta_1 = \frac{0.74(m+2)m^{0.5}}{2+(m-0.3)^2}\left(\frac{d}{2s}\right)^{(m+1)} \tag{2-29}$$

$$\Delta_2 = 0.92m^{3.7}\left(\frac{d}{2s}\right)^{(m+2)} \tag{2-30}$$

如果 $m \leqslant 0.1$，Δ_1 和 Δ_2 可以忽略。

五、热阻计算

1. 电缆绝缘热阻 T_1

对于单芯电缆，一根导体和金属套之间的绝缘热阻 T_1 可表示为

$$T_1 = \frac{\rho_T}{2\pi}\ln\left(1+\frac{2t_1}{d_c}\right) \tag{2-31}$$

式中　ρ_T——绝缘材料热阻系数，$K \cdot m/W$；

　　　t_1——导致和金属套之间的绝缘厚度，mm。

对于皱纹金属套，t_1 按金属套内直径的平均值计算，即

$$t_1 = \frac{D_{it}+D_{oc}}{2}-t_s \tag{2-32}$$

式中　D_{it}——与皱纹金属套波谷内表面相切的假想同心圆柱体的直径，mm；

　　　D_{oc}——与皱纹金属套波峰相切的假想同心圆柱体的直径，mm；

　　　t_s——金属套厚度，mm。

2. 金属套和铠装之间热阻 T_2

具有相同金属套的单芯、二芯和三芯电缆金属套和铠装之间热阻 T_2 可表示为

$$T_2 = \frac{\rho_T}{2\pi}\ln\left(1+\frac{2t_2}{D_s}\right) \tag{2-33}$$

式中　t_2——内衬层厚度，mm；

　　　D_s——金属套外径，mm。

3. 外护层热阻 T_3

外护层一般是同心圆结构，外护层热阻 T_3 可表示为

$$T_3 = \frac{\rho_T}{2\pi} \ln\left(1 + \frac{2t_3}{D'_a}\right) \tag{2-34}$$

式中 t_3——外护层厚度，mm；

$\quad\quad D'_a$——铠装层外径。

皱纹金属套非铠装电缆外护层热阻 T_3 可表示为

$$T_3 = \frac{\rho_T}{2\pi} \ln\left[\frac{D_{oc} + 2t_3}{(D_{oc} + D_{it})/2 + t_s}\right] \tag{2-35}$$

4. 外部热阻 T_4

空气中电缆周围热阻 T_4 可表示为

$$T_4 = \frac{1}{\pi D_e h \, (\Delta\theta_s)^{1/4}} \tag{2-36}$$

$$h = \frac{Z}{D_e^g} + E \tag{2-37}$$

式中 D_e——电缆外径，m；

$\quad\quad h$——散热系数。

埋地单根孤立电缆的外部热阻 T_4 可表示为

$$T_4 = \frac{\rho_T}{2\pi} \ln\left(u + \sqrt{u^2 - 1}\right) \tag{2-38}$$

$$u = \frac{2L}{D_e} \tag{2-39}$$

式中 ρ_T——土壤热阻系数，$K \cdot m/W$；

$\quad\quad L$——电缆轴线至地表面的距离，mm；

$\quad\quad D_e$——电缆外径，mm。

当 $u > 10$ 时，最佳近似值为

$$T_4 = \frac{\rho_T}{2\pi} \ln(2u) \tag{2-40}$$

实际工程中，电缆的型号有多种，电缆的排列方式和敷设方式也有多种，电缆的接地方式也各不相同，在地埋电缆中还存在水分迁移现象等，这里仅给出部分计算公式。更多的电缆结构形式、排列方式下的载流量计算详见完整版的 IEC 60287。

第二节　暂态温升计算标准

IEC 60853 给出了周期性负荷因子和应急负荷电流的计算方法，该方法主要来源于国际大电网（CIGRE）相关文献的简化程序。IEC 60853 分为三部分：第一部分介绍 18/30(36)kV 及以下电缆周期性负荷因子计算；第二部分介绍 18/30(36)kV 以上电缆周期性负荷定额和所有电缆的应急负荷定额；第三部分介绍所有电缆土壤局部干燥情况下的周期性负荷因子。

一、周期性负荷因子

周期性负荷通常以一天为一个周期，一天内以每小时负荷为单位，由此可得到周期性负荷图。针对这种周期性负荷，标准给出了周期性负荷因子计算公式，即

$$M = \frac{1}{\{(1-k)Y_0 + k[B + \mu(1-\beta(6))]\}^{1/2}} \tag{2-41}$$

式中各参数的定义和说明详见 IEC 60853，其计算表达式为

$$\mu = \frac{1}{24}\sum_{i=0}^{23} Y_i \tag{2-42}$$

$$Y_i = \left(\frac{I_i}{I_{\max}}\right)^2 \tag{2-43}$$

$$B = Y_0\Phi_0 + Y_1\Phi_1 + Y_2\Phi_2 + Y_3\Phi_3 + Y_4\Phi_4 + Y_5\Phi_5 \tag{2-44}$$

$$k = \frac{WT_4}{\theta(\infty)} \tag{2-45}$$

式中　W——最高工作温度下的焦耳损耗，W/m；

　　　T_4——单根电缆或排管的外部热阻，℃·m/W，可根据 IEC 60287 给出的公式计算；

　　　$\theta(\infty)$——缆芯导体的稳态温升，℃。

$\Phi_0 \sim \Phi_5$、$1-\beta(6)$ 可查标准附表得到。

当多根电缆敷设时，每根电缆损耗相等，电缆间互补接触，则周期性负荷因子计算式为

$$M = \frac{1}{\left(\left\{\sum_{i=0}^{5} Y_i\left[\frac{\theta_R(i+1)}{\theta_R(\infty)} - \frac{\theta_R(i)}{\theta_R(\infty)}\right]\right\} + \mu\left[1 - \frac{\theta_R(6)}{\theta_R(\infty)}\right]\right)^{1/2}} \tag{2-46}$$

$$\theta_R(0) = 0 \tag{2-47}$$

$$\frac{\theta_R(i)}{\theta_R(\infty)} = 1 - k_1 + k_1\gamma(i) \tag{2-48}$$

14

$$\gamma(i) = \frac{-Ei\left(\dfrac{D_e^2}{16\delta t}\right) + (N-1)\left\{-Ei\left(\dfrac{d_f^2}{16\delta t}\right)\right\}}{2\ln\left(\dfrac{4LF}{D_e}\right)} \tag{2-49}$$

$$t = 3600i \tag{2-50}$$

$$F = \frac{d'_{p1} \cdot d'_{p2} \cdots d'_{pk} \cdots d'_{p(N-1)}}{d_{p1} \cdot d_{p2} \cdots d_{pk} \cdots d_{p(N-1)}} \tag{2-51}$$

$$d_f = \frac{4L}{F^{1/(N-1)}} \tag{2-52}$$

$$k_1 = \frac{W(T_4 + \Delta T_4)}{\theta(\infty)} \tag{2-53}$$

$$\Delta T_4 = \frac{\rho_T \ln F}{2\pi} \tag{2-54}$$

式中　　　δ——土壤的热扩散率，

　　　　　D_e——电缆的外径，m；

　　　　　L——埋深，m；

　　　　　N——电缆根数；

　　$-Ei(-x)$——指数积分函数；

　　　　　d_{pk}——第 k 根电缆与最热电缆间的距离，m；

　　　　　d'_{pk}——第 k 根电缆的镜像与最热电缆间的距离，m。

二、应急负荷

除周期性负荷外，实际运行中还存在多种时变的负荷形式。例如，两根电缆并行工作在稳态条件下，当其中一条电缆线路发生故障或需要检修，不得不断开时，为保证用户的供电可靠性，将该电缆的负荷电流叠加到另一条健康电缆上，使得这条健康电缆的负荷电流突然增大。这种突然的负荷变化称为应急负荷，将引起电缆缆芯温度的增大，需要进行暂态温度的计算，判断电缆的安全性。

对于应急负荷，标准根据负荷时间不同分为短时负荷和长时负荷两种。时间不同，整个敷设环境中的传热媒介需采取不同的处理措施。以单芯电缆敷设于排管中为例，当负荷时间为 10min～2h 时，电缆本体（排管电缆，包含排管和管内空气）温升的暂态过程按短时负荷分析，短时负荷的热路模型图如图 2-2（a）所示；其余为长时负荷，长时负荷热路模型图如图 2-2（b）所示。

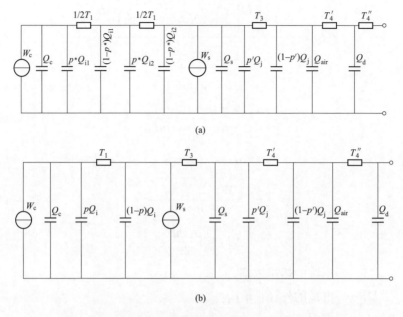

注：图中绝缘层热阻 T_1 与 IEC 60287 定义相同。

Q_c——缆芯导体热容，J/K；Q_i——绝缘层热容，J/K；Q_s——金属套热容，J/K；

Q_j——外护套热容，J/K；Q_{air}——排管内空气层热容，J/K；

Q_d——排管热容，J/K；W_c——缆芯导体损耗，W/m；W_s——金属套损耗，W/m

T_4'——排管内空气层热阻；T_4''——排管热阻

图 2-2　排管电缆暂态热路模型图

（a）短时负荷；（b）长时负荷

图 2-2 中，将绝缘层和外护层的热容进行了分解，其分解系数可表示为

$$p = \frac{1}{2\ln\left(\dfrac{D_i}{d_c}\right)} - \frac{1}{\left(\dfrac{D_i}{d_c}\right)^2 - 1} \tag{2-55}$$

$$p^* = \frac{1}{\ln\left(\dfrac{D_i}{d_c}\right)} - \frac{1}{\left(\dfrac{D_i}{d_c}\right) - 1} \tag{2-56}$$

$$p' = \frac{1}{2\ln\left(\dfrac{D_e}{D_s}\right)} - \frac{1}{\left(\dfrac{D_e}{D_s}\right)^2 - 1} \tag{2-57}$$

两种梯形热路模型图均较为复杂，为了简化计算，国际大电网和国际电工委员会提出了一种二支路模型。假设已有多支路模型如图 2-3 所示。可以将复

杂的梯形网络图等效，然后利用二支路模型计算电缆缆芯的温升，如图 2-4
所示。

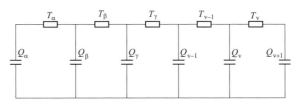

图 2-3 多支路模型

T_α、T_β、T_ν、$T_{\nu-1}$、T_ν—热阻；Q_α、Q_β、Q_ν、$Q_{\nu-1}$、Q_ν、$Q_{\nu+1}$—热容

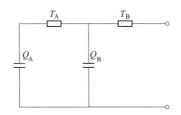

图 2-4 等效二支路模型

T_A、T_B—等效热阻；Q_A、Q_B—等效热容

为了维持相对短时暂态的正确响应，二支路模型的第一个支路参数与梯形
网络的第一个支路参数相同，即

$$T_A = T_\alpha \tag{2-58}$$

$$Q_A = Q_\alpha \tag{2-59}$$

梯形网络的其余支路等效为一个支路，即为二支路模型的第二个支路。

$$T_B = T_\beta + T_\gamma + \cdots + T_\nu \tag{2-60}$$

$$Q_B = Q_\beta + \left(\frac{T_\gamma + \cdots + T_\nu}{T_\beta + T_\gamma + \cdots + T_\nu}\right)^2 Q_\gamma + \cdots + \left(\frac{T_\nu}{T_\beta + T_\gamma + \cdots + T_\nu}\right)^2 Q_\nu \tag{2-61}$$

则电缆本体温升可表示为

$$\theta_c(t) = W_c \left[T_a (1 - e^{-at}) + T_b (1 - e^{-bt}) \right] \tag{2-62}$$

式中 W_c——电缆缆芯损耗，W/m。

其余系数可表示为

$$a = \frac{M_0 + \sqrt{M_0^2 - N_0}}{N_0} \tag{2-63}$$

$$b = \frac{M_0 - \sqrt{M_0^2 - N_0}}{N_0} \tag{2-64}$$

$$T_{\text{a}} = \frac{1}{a-b}\left[\frac{1}{Q_{\text{A}}} - b(T_{\text{A}} + T_{\text{B}})\right] \qquad (2\text{-}65)$$

$$T_{\text{b}} = T_{\text{A}} + T_{\text{B}} - T_{\text{a}} \qquad (2\text{-}66)$$

$$M_0 = 0.5(T_{\text{A}}Q_{\text{A}} + T_{\text{B}}Q_{\text{B}} + T_{\text{B}}Q_{\text{A}}) \qquad (2\text{-}67)$$

$$N_0 = T_{\text{A}}Q_{\text{A}}T_{\text{B}}Q_{\text{B}} \qquad (2\text{-}68)$$

对于任意两根电缆间存在的热相互作用，可以用互热温升的方式表示，其表达式为

$$\theta_{\text{pk}} = W_{\text{lk}}\frac{\rho_{\text{s}}}{4\pi}\left[-Ei\left(-\frac{d_{\text{pk}}^2}{4\delta t}\right) + Ei\left(-\frac{d_{\text{pk}}'^2}{4\delta t}\right)\right] \qquad (2\text{-}69)$$

$$-Ei(-x) = -0.577 - \ln x + x \qquad (2\text{-}70)$$

外部土壤中的温升可由下式计算：

$$\theta_{\text{e}} = W_{\text{t}}\frac{\rho_{\text{s}}}{4\pi}\left[-Ei\left(-\frac{D_{\text{e}}^2}{16\delta t}\right) + Ei\left(-\frac{L'^2}{\delta t}\right)\right] \qquad (2\text{-}71)$$

综合几种温升，缆芯温升可表示为：

$$\theta = \theta_{\text{c}} + \alpha(t)\theta_{\text{e}}(t) + \alpha(t)\sum_{k=1}^{N-1}\theta_{pk}(t) \qquad (2\text{-}72)$$

$$\alpha(t) = \frac{\theta_{\text{c}}(t)}{\theta_{\text{c}}(\infty)} \qquad (2\text{-}73)$$

更详细的内容请参考 IEC 60853。

第三节　有限元稳态温升计算

由于电力电缆线路长达数百米到数千米，而电力电缆外径往往为 100mm 左右，考虑回填土等，外径也在数米以内，相对于电缆截面以及热扩散断面，电力电缆线路长度近似于无穷大，土壤直埋电力电缆温度场可以简化为二维温度场模型，再进行分析和计算。

一、地埋电缆群温度场特性

以单回路单芯"一"字形排列土壤直埋无回填土电力电缆为例建立温度场模型，如图 2-5 所示。以地表为分界线，地表上方的空气温度为恒定温度，电力电缆产生的热量流经土壤后，在地表通过对流换热散发到空气中，土壤直埋电力电缆的温度场就可以看成以地表为分界的半无限大二维场。

对于图 2-5 所示的温度场场域内任一微元体，电力电缆所产生的热量向外

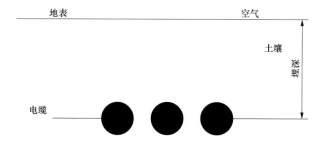

图 2-5　单回路单芯"一"字形排列土壤直埋无回填土电力电缆温度场模型

扩散的过程中，应始终满足能量守恒方程，即在任一时间间隔内有以下热平衡关系：导入总热流量＋内热源的生成热＝导出总热流量＋内能的增加。

因此，图 2-5 所示只含有固体导热的二维平面温度场微分方程形式为

$$\rho c \frac{\partial T}{\partial \tau} = \frac{\partial}{\partial x}\left(\lambda \frac{\partial T}{\partial x}\right) + \frac{\partial}{\partial y}\left(\lambda \frac{\partial T}{\partial y}\right) + q_{\mathrm{v}} \tag{2-74}$$

式中　T——物体的瞬态温度，℃；

　　　τ——过程进行的时间，s；

　　　λ——材料的导热系数，$W/(m^2 \cdot ℃)$；

　　　ρ——材料的密度，kg/m^3；

　　　c——材料的比热，$J/(kg \cdot ℃)$；

　　　q_{v}——材料的内热源，W。

针对不同的具体情形，式（2-74）可转变为不同的形式。

（1）导热系数为常数时，式（2-74）简化为

$$\rho c \frac{\partial T}{\partial \tau} = \lambda \left(\frac{\partial^2 T}{\partial x^2} + \frac{\partial^2 T}{\partial y^2}\right) + q_{\mathrm{v}} \tag{2-75}$$

（2）微元体内没有内热源时，式（2-74）简化为

$$\rho c \frac{\partial T}{\partial \tau} = \frac{\partial}{\partial x}\left(\lambda \frac{\partial T}{\partial x}\right) + \frac{\partial}{\partial y}\left(\lambda \frac{\partial T}{\partial y}\right) \tag{2-76}$$

（3）导热系数为常数，同时微元体内没有内热源时，式（2-74）简化为

$$\rho c \frac{\partial T}{\partial \tau} = \lambda \left(\frac{\partial^2 T}{\partial x^2} + \frac{\partial^2 T}{\partial y^2}\right) \tag{2-77}$$

（4）当微元体内发热和吸热之和等于散热时，微元体内温度场为稳态温度场，式（2-74）简化为

$$\frac{\partial}{\partial x}\left(\lambda \frac{\partial T}{\partial x}\right) + \frac{\partial}{\partial y}\left(\lambda \frac{\partial T}{\partial y}\right) + q_{\mathrm{v}} = 0 \tag{2-78}$$

（5）当导热系数为常数，且微元体内温度场为稳态温度场时，式（2-74）简化为

$$\lambda \left(\frac{\partial^2 T}{\partial x^2} + \frac{\partial^2 T}{\partial y^2} \right) + q_v = 0 \qquad (2\text{-}79)$$

（6）导热系数为常数，微元体内没有内热源，且微元体内温度场为稳态温度场时，式（2-74）简化为

$$\frac{\partial^2 T}{\partial x^2} + \frac{\partial^2 T}{\partial y^2} = 0 \qquad (2\text{-}80)$$

对于图 2-5 所示的地下电力电缆温度场，当其处于暂态时，电力电缆缆芯导体、金属套、铠装层和绝缘层内有发热，其暂态温度场可用式（2-75）描述，其他没有热源的区域可用式（2-76）描述；当各种媒质导热系数为常数时，可用式（2-77）描述；当其处于稳态，且导热系数为常数时，电力电缆缆芯导体、金属套、铠装层和绝缘层内有发热，其温度场可用式（2-78）描述，其他区域内没有热源，可用式（2-79）描述。

导热微分方程是描述导热过程共性的数学表达式。求解导热问题，实质上可归结为对导热微分方程的求解。为了获得某一具体导热问题的温度分布，还必须给出用以表征该特定问题的一些附加条件，即定解条件。对于非稳态导热问题，定解条件有两个方面，即给出初始时刻温度分布的初始条件，以及导热物体边界上温度或换热情况的边界条件。对于稳态导热问题，定解条件没有初始条件，仅有边界条件。

已知初始条件是过程开始时物体整个区域中所具有的温度为已知值，用公式表示为

$$\begin{cases} T \big|_{t=0} = T_0 \\ T \big|_{t=0} = \varphi(x,y) \end{cases} \qquad (2\text{-}81)$$

式中　　T_0——已知常数，表示物体初始温度是均匀的，℃；

　　$\varphi(x,y)$——已知函数，表示物体初始温度是不均匀的，℃。

固体导热微分方程求解过程中的边界条件有三类。

（1）第一类边界条件：规定了边界上的温度值，包括给定恒定的温度值或是坐标的函数，可表示为

$$\begin{cases} T \big|_{\Gamma} = T_w \\ T \big|_{\Gamma} = f(x,y,t) \end{cases} \qquad (2\text{-}82)$$

式中　　　　Γ——物体边界；

20

T_w——已知壁面温度（常数），℃；

$f(x,y,t)$——已知壁面温度函数（随时间、位置而变）。

（2）第二类边界条件：规定了边界上的具体的热流密度值或给定热流密度的坐标函数，可表示为

$$\begin{cases} k\dfrac{\partial T}{\partial n}\Big|_\Gamma + q_2 = 0 \\ k\dfrac{\partial T}{\partial n}\Big|_\Gamma + g(x,y,t) = 0 \end{cases} \tag{2-83}$$

式中　q_2——已知热流密度（常数），W/m^2；

　　　　n——边界的法向；

　　　　T——法向上的温度；

$g(x,y,t)$——已知热流密度函数。

（3）第三类边界条件：规定了边界上物体与周围流体间的表面换热系数及周围流体的温度。

$$-k\frac{\partial T}{\partial n}\Big|_\Gamma = \alpha(T-T_f)\Big|_\Gamma \tag{2-84}$$

式中　α——物体表面换热系数，$W/(m^2 \cdot ℃)$；

　　　　T_f——周围流体的温度，℃。

给定初始条件和边界条件后，为了能够利用有限元计算温度场，需将无限大开域场转变为有限闭域场，即需要确定温度场的三个边界，从而确定温度场计算的有效区域。

有文献指出，土壤深处的温度不随地表温度的变化而保持在一个恒定的值，即土壤深层的温度不受电力电缆发热的影响，可取电力电缆下远处作为土壤直埋电力电缆温度场的第一类边界条件；左右两侧远离电力电缆的土壤也不受电力电缆发热的影响，取左右两侧分别距离电力电缆远处作为土壤直埋电力电缆温度场的第二类边界条件，即法向温度梯度为 0；在假定地表空气温度恒定的情况下，可取地表为第三类边界条件。

因此，图 2-5 所示开域温度场可以转变为图 2-6 所示的闭域温度场。图 2-6 中，直埋电缆埋深通常取 0.7～1m，经过试算，当左右边界和深层土壤边界均取 20m 时，缆芯温度不再随距离的增大而变化。

二、土壤直埋温度场计算的有限元方法

对于图 2-6 所示土壤直埋电力电缆温度场，可分为暂态和稳态两种情况。

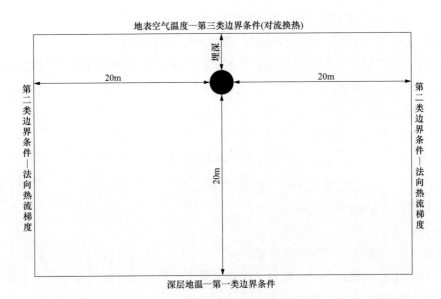

图 2-6 单回路 "一" 字形排列土壤直埋电缆温度场有界场域

暂态时，可由式（2-74）～式（2-76）描述；稳态时可由式（2-77）～式（2-79）描述。这些方程的求解可以采用解析计算和数值计算两种方法，鉴于数值计算方法在复杂场域求解和计算精度上的优势，本书利用数值方法计算地埋电缆稳态和暂态缆芯温升可以得到更加精确的结果。考虑到电缆结构和敷设条件的复杂性，有限元比有限差分、有限容积和边界元更适合于计算电缆群的温度场。

利用有限元分析地下电力电缆温度场的第一步是对整个场域进行剖分，剖分规则为：采用三角形单元进行剖分，电力电缆本体是计算的重点，因此剖分密度较高，而土壤区域剖分密度较小。

图 2-7 给出了土壤直埋电缆剖分结果，经过剖分，整个场域被划分为 E 个单元和 n 个节点，温度场 T 离散化为 T_1、T_2、T_3、$\cdots$、T_n 等 n 节点的待定温度值。

首先对稳态土壤直埋电力电缆温度场进行分析。对于有内热源的区域，如电力电缆缆芯导体、金属套、铠装层和绝缘层区域，取泛函，得

$$J = \iint_D \left[\frac{\lambda}{2} \left(\frac{\partial T}{\partial x} \right)^2 + \frac{\lambda}{2} \left(\frac{\partial T}{\partial y} \right)^2 - q_v T \right] \mathrm{d}x\,\mathrm{d}y \tag{2-85}$$

对于无热源区域，如电力电缆的内衬层、外护层和土壤等区域，取泛函，得

22

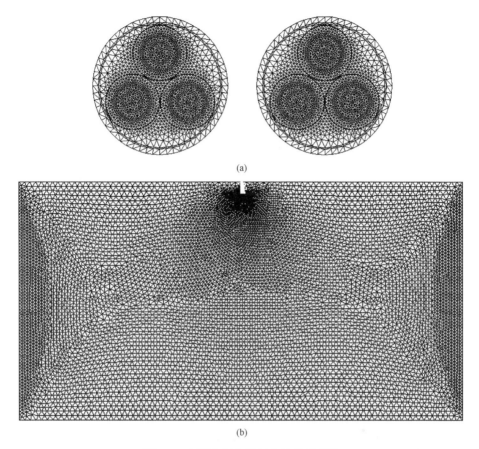

(a)

(b)

图 2-7　土壤直埋电缆剖分结果示意图

(a) 土壤直埋两根三芯电力电缆剖分示意图；(b) 土壤直埋整场剖分结果示意图

$$J = \iint_{D} \left[\frac{\lambda}{2} \left(\frac{\partial T}{\partial x} \right)^2 + \frac{\lambda}{2} \left(\frac{\partial T}{\partial y} \right)^2 \right] \mathrm{d}x\mathrm{d}y \qquad (2\text{-}86)$$

对第一类边界条件，如土壤深层土壤温度恒定，其泛函与无热源区域泛函相同。

对第二类边界条件，如图 2-6 中左右两侧距离电缆 20m 边界线，取泛函，即

$$J = \iint_{D} \left[\frac{\lambda}{2} \left(\frac{\partial T}{\partial x} \right)^2 + \frac{\lambda}{2} \left(\frac{\partial T}{\partial y} \right)^2 \right] \mathrm{d}x\mathrm{d}y + \oint_{\Gamma} qT\mathrm{d}s \qquad (2\text{-}87)$$

由于图 2-6 中左右两侧边界线上没有热流梯度，因而式（2-87）可转换为式（2-86）。

对第三类边界条件，如图 2-6 中地表，取泛函，得

$$J = \iint_D \left[\frac{\lambda}{2} \left(\frac{\partial T}{\partial x} \right)^2 + \frac{\lambda}{2} \left(\frac{\partial T}{\partial y} \right)^2 \right] \mathrm{d}x\mathrm{d}y + \oint_\Gamma \alpha \left(\frac{1}{2} T^2 - T_\mathrm{f} T \right) \mathrm{d}s \quad (2\text{-}88)$$

将伽略金（Galerkin）法引入上述方程，并进行求导，可得定义域为 D 的平面稳态温度场有限元计算的基本方程，即

$$\frac{\partial J^D}{\partial T_l} = \iint_D \left[\lambda \left(\frac{\partial W_l}{\partial x} \frac{\partial T}{\partial x} + \frac{\partial W_l}{\partial y} \frac{\partial T}{\partial y} \right) - q_v W_l \right] \mathrm{d}x\mathrm{d}y -$$

$$\int_\Gamma \lambda W_l \frac{\partial T}{\partial n} \mathrm{d}s = 0 \quad (l = 1, 2, \cdots, n) \quad (2\text{-}89)$$

可把边界条件式（2-82）～式（2-84）代入方程中的线积分项，从而使方程（2-89）满足边界条件。

对于第一类边界条件，附加的线积分项等于 0，式（2-89）转化为

$$\frac{\partial J^D}{\partial T_l} = \iint_D \left[\lambda \left(\frac{\partial W_l}{\partial x} \frac{\partial T}{\partial x} + \frac{\partial W_l}{\partial y} \frac{\partial T}{\partial y} \right) - q_v W_l \right] \mathrm{d}x\mathrm{d}y = 0 \quad (l = 1, 2, \cdots, n)$$

$$(2\text{-}90)$$

当内部没有热源时，方程（2-90）变为

$$\frac{\partial J^D}{\partial T_l} = \iint_D \lambda \left(\frac{\partial W_l}{\partial x} \frac{\partial T}{\partial x} + \frac{\partial W_l}{\partial y} \frac{\partial T}{\partial y} \right) \mathrm{d}x\mathrm{d}y = 0 \quad (l = 1, 2, \cdots, n) \quad (2\text{-}91)$$

对于第二类边界条件，将式（2-83）代入，式（2-89）转化为

$$\frac{\partial J^D}{\partial T_l} = \iint_D \left[\lambda \left(\frac{\partial W_l}{\partial x} \frac{\partial T}{\partial x} + \frac{\partial W_l}{\partial y} \frac{\partial T}{\partial y} \right) - q_v W_l \right] \mathrm{d}x\mathrm{d}y +$$

$$\int_\Gamma q_2 W_l \mathrm{d}s = 0 \quad (l = 1, 2, \cdots, n) \quad (2\text{-}92)$$

当内部没有热源时，式（2-92）变为

$$\frac{\partial J^D}{\partial T_l} = \iint_D \lambda \left(\frac{\partial W_l}{\partial x} \frac{\partial T}{\partial x} + \frac{\partial W_l}{\partial y} \frac{\partial T}{\partial y} \right) \mathrm{d}x\mathrm{d}y + \int_\Gamma q_2 W_l \mathrm{d}s = 0 \quad (l = 1, 2, \cdots, n)$$

$$(2\text{-}93)$$

对于第三类边界条件，将式（2-84）代入，则式（2-89）转化为

$$\frac{\partial J^D}{\partial T_l} = \iint_D \left[\lambda \left(\frac{\partial W_l}{\partial x} \frac{\partial T}{\partial x} + \frac{\partial W_l}{\partial y} \frac{\partial T}{\partial y} \right) - q_v W_l \right] \mathrm{d}x\mathrm{d}y +$$

$$\int_\Gamma \alpha W_l (T - T_\mathrm{f}) \mathrm{d}s = 0 \quad (l = 1, 2, \cdots, n) \quad (2\text{-}94)$$

当内部没有热源时，方程（2-94）变为

$$\frac{\partial J^D}{\partial T_l} = \iint_D \lambda \left(\frac{\partial W_l}{\partial x} \frac{\partial T}{\partial x} + \frac{\partial W_l}{\partial y} \frac{\partial T}{\partial y} \right) \mathrm{d}x \mathrm{d}y +$$

$$\int_\Gamma \alpha W_l (T - T_f) \mathrm{d}s = 0 \quad (l = 1, 2, \cdots, n) \tag{2-95}$$

求解区域剖分后，变分计算可以在单元中进行，即

$$\frac{\partial J_e}{\partial T_1} = \iint_e \left[k \left(\frac{\partial W_l}{\partial x} \frac{\partial T}{\partial x} + \frac{\partial W_l}{\partial y} \frac{\partial T}{\partial y} \right) - q_v W_l \right] \mathrm{d}x \mathrm{d}y - \int_{\Gamma_e} k W_l \frac{\partial T}{\partial n} \mathrm{d}s \quad (l = i, j, m) \tag{2-96}$$

这里，i、j、m 是三角形剖分单元的局部节点编号，即三角形单元的三个顶点。

对于内部有热源单元，如电力电缆缆芯导体、金属套、铠装层和绝缘层，单元变分的基本方程为

$$\frac{\partial J_e}{\partial T_l} = \iint_e \left[\lambda \left(\frac{\partial W_l}{\partial x} \frac{\partial T}{\partial x} + \frac{\partial W_l}{\partial y} \frac{\partial T}{\partial y} \right) - q_v W_l \right] \mathrm{d}x \mathrm{d}y \quad (l = i, j, m) \tag{2-97}$$

对于内部无热源单元（如电力电缆的内衬层和外护层、土壤等区域）和第一类边界单元，单元变分的基本方程为

$$\frac{\partial J_e}{\partial T_l} = \iint_e \lambda \left(\frac{\partial W_l}{\partial x} \frac{\partial T}{\partial x} + \frac{\partial W_l}{\partial y} \frac{\partial T}{\partial y} \right) \mathrm{d}x \mathrm{d}y \quad (l = i, j, m) \tag{2-98}$$

对于第二类边界单元，变分计算的基本方程为

$$\frac{\partial J_e}{\partial T_l} = \iint_e \lambda \left(\frac{\partial W_l}{\partial x} \frac{\partial T}{\partial x} + \frac{\partial W_l}{\partial y} \frac{\partial T}{\partial y} \right) \mathrm{d}x \mathrm{d}y + \int_{jm} q_2 W_l \mathrm{d}s \quad (l = i, j, m) \tag{2-99}$$

对于第三类边界单元，变分计算的基本方程为

$$\frac{\partial J_e}{\partial T_l} = \iint_e \lambda \left(\frac{\partial W_l}{\partial x} \frac{\partial T}{\partial x} + \frac{\partial W_l}{\partial y} \frac{\partial T}{\partial y} \right) \mathrm{d}x \mathrm{d}y + \int_{jm} \alpha W_l (T - T_f) \mathrm{d}s \quad (l = i, j, m) \tag{2-100}$$

将式（2-97）～式（2-100）代入式（2-89），就得到总体合成的有限元求解代数方程组，即

$$\frac{\partial J^D}{\partial T_l} = \sum_{e=1}^E \frac{\partial J_e}{\partial T_l} = 0 \quad (l = 1, 2, \cdots, n) \tag{2-101}$$

方程式（2-101）有 n 个代数式，可以计算 n 个节点温度。

在各个三角形元 e 内，分别给定对于 x、y 呈线性变化的插值函数，即

$$T^e(x, y) = \alpha_1 + \alpha_2 x + \alpha_3 y \tag{2-102}$$

式中，α_1、α_2 和 α_3 是待定常数，它们由节点上的温度值和节点坐标来确

定。为此，将节点的坐标及温度代入式（2-102），得

$$
\left.\begin{array}{l}
T_i = \alpha_1 + \alpha_2 x_i + \alpha_3 y_i \\
T_j = \alpha_1 + \alpha_2 x_j + \alpha_3 y_j \\
T_m = \alpha_1 + \alpha_2 x_m + \alpha_3 y_m
\end{array}\right\}
\tag{2-103}
$$

线性方程组可写成矩阵的形式，即

$$
\begin{bmatrix}
1 & x_i & y_i \\
1 & x_j & y_j \\
1 & x_m & y_m
\end{bmatrix}
\begin{Bmatrix}
\alpha_1 \\
\alpha_2 \\
\alpha_3
\end{Bmatrix}
=
\begin{Bmatrix}
T_i \\
T_j \\
T_m
\end{Bmatrix}
\tag{2-104}
$$

利用矩阵求逆的方法可以把未知数 α_1、α_2 和 α_3 解出来，即

$$
\begin{Bmatrix}
\alpha_1 \\
\alpha_2 \\
\alpha_3
\end{Bmatrix}
=
\begin{bmatrix}
1 & x_i & y_i \\
1 & x_j & y_j \\
1 & x_m & y_m
\end{bmatrix}^{-1}
\begin{Bmatrix}
T_i \\
T_j \\
T_m
\end{Bmatrix}
$$

$$
=
\frac{1}{\begin{vmatrix}
1 & x_i & y_i \\
1 & x_j & y_j \\
1 & x_m & y_m
\end{vmatrix}}
\begin{bmatrix}
x_j y_m - x_m y_j & x_m y_i - x_i y_m & x_i y_j - x_j y_i \\
y_j - y_m & y_m - y_i & y_i - y_j \\
x_m - x_j & x_i - x_m & x_j - x_i
\end{bmatrix}
\begin{Bmatrix}
T_i \\
T_j \\
T_m
\end{Bmatrix}
\tag{2-105}
$$

记

$$
\left.\begin{array}{lll}
a_i = x_j y_m - x_m y_j, & b_i = y_j - y_m, & c_i = x_m - x_j \\
a_j = x_m y_i - x_i y_m, & b_j = y_m - y_i, & c_j = x_i - x_m \\
a_m = x_i y_j - x_j y_i, & b_m = y_i - y_j, & c_m = x_j - x_i
\end{array}\right\}
\tag{2-106}
$$

将行列式展开，得

$$
\begin{vmatrix}
1 & x_i & y_i \\
1 & x_j & y_j \\
1 & x_m & y_m
\end{vmatrix}
= (x_j y_m - x_m y) + (x_m y_i - x_i y_m) + (x_i y_j - x_j y_i)
$$

$$
= (y_j - y_m)(x_i - x_m) - (y_m - y_i)(x_m - x_j)
$$

$$
= b_i c_j - b_j c_i = \Delta
\tag{2-107}
$$

式中　Δ——三角形单元的面积。

将式（2-106）和式（2-107）一起代入式（2-105），得

$$\begin{bmatrix} \alpha_1 \\ \alpha_2 \\ \alpha_3 \end{bmatrix} = \frac{1}{(b_i c_j - b_j c_i)} \begin{bmatrix} a_i & a_j & a_m \\ b_i & b_j & b_m \\ c_i & c_j & c_m \end{bmatrix} \begin{bmatrix} T_i \\ T_j \\ T_m \end{bmatrix} \tag{2-108}$$

将式（2-108）展开，即可得到

$$\left. \begin{aligned} \alpha_1 &= \frac{1}{2\Delta}(a_i T_i + a_j T_j + a_m T_m) \\ \alpha_2 &= \frac{1}{2\Delta}(b_i T_i + b_j T_j + b_m T_m) \\ \alpha_3 &= \frac{1}{2\Delta}(c_i T_i + c_j T_j + c_m T_m) \end{aligned} \right\} \tag{2-109}$$

由此可得线性插值函数的一个重要关系式，即

$$T^e(x,y) =$$

$$\frac{1}{2\Delta}\left[(a_i + b_i x + c_c y)T_i + (a_j + b_j x + c_j y)T_i + (a_m + b_m x + c_m y)T_m \right]$$

$$\tag{2-110}$$

取型函数，得

$$\left. \begin{aligned} N_i &= \frac{1}{2\Delta}(a_i + a_j x + a_m y) \\ N_j &= \frac{1}{2\Delta}(b_i + b_j x + b_m y) \\ N_m &= \frac{1}{2\Delta}(c_i + c_j x + c_m y) \end{aligned} \right\} \tag{2-111}$$

式（2-110）转化为

$$T^e(x,y) = \sum_{i=1}^{3} N_i^e T_i = N_e T_e \tag{2-112}$$

式（2-112）适用于整个场域内的所有单元。

对于式（2-97）所给出的内部有热源单元泛函，权函数 $W_i = N_i$，则有

$$\frac{\partial W_i}{\partial x} = \frac{b_i}{2\Delta}, \frac{\partial W_j}{\partial y} = \frac{c_i}{2\Delta}$$

此外

$$\frac{\partial T}{\partial x} = \frac{b_i T_i + b_j T_j + b_m T_m}{2\Delta}, \frac{\partial T}{\partial y} = \frac{c_i T_i + c_j T_j + c_m T_m}{2\Delta}$$

可得

$$\frac{\partial J^e}{\partial T_i} = \frac{\lambda}{4\Delta}\left[(b_i^2 + c_i^2)T_i + (b_ib_j + c_ic_j)T_j + (b_ib_m + c_ic_m)T_m\right] - \frac{\Delta}{3}q_v$$

$$(2\text{-}113)$$

$$\frac{\partial J^e}{\partial T_j} = \frac{\lambda}{4\Delta}\left[(b_ib_j + c_ic_j)T_i + (b_j^2 + c_j^2)T_j + (b_jb_m + c_jc_m)T_m\right] - \frac{\Delta}{3}q_v$$

$$(2\text{-}114)$$

$$\frac{\partial J^e}{\partial T_m} = \frac{\lambda}{4\Delta}\left[(b_ib_m + c_ic_m)T_i + (b_jb_m + c_jc_m)T_j + (b_m^2 + c_m^2)T_m\right] - \frac{\Delta}{3}q_v$$

$$(2\text{-}115)$$

写成矩阵形式为

$$\begin{Bmatrix} \dfrac{\partial J^e}{\partial T_i} \\[2mm] \dfrac{\partial J^e}{\partial T_j} \\[2mm] \dfrac{\partial J^e}{\partial T_m} \end{Bmatrix} = \begin{bmatrix} k_{ii} & k_{ij} & k_{im} \\ k_{ji} & k_{jj} & k_{jm} \\ k_{mi} & k_{mj} & k_{mm} \end{bmatrix} \begin{Bmatrix} T_i \\ T_j \\ T_m \end{Bmatrix} - \begin{Bmatrix} p_i \\ p_j \\ p_m \end{Bmatrix} = K^eT^e - P^e = 0 \quad (2\text{-}116)$$

即

$$K^eT^e = P^e \qquad (2\text{-}117)$$

式中

$$k_{ii} = \phi(b_i^2 + c_i^2), k_{jj} = \phi(b_j^2 + c_j^2), k_{mm} = \phi(b_m^2 + c_m^2)$$

$$k_{ij} = k_{ji} = \phi(b_ib_j + c_ic_j), k_{im} = k_{mi} = \phi(b_ib_m + c_ic_m)$$

$$k_{jm} = k_{mj} = \phi(b_jb_m + c_jc_m)$$

$$\phi = \frac{\lambda}{4\Delta}$$

$$p_i = p_j = p_m = \frac{\Delta}{3}q_v$$

对于式（2-98）所示无内热源内部单元、第一类边界单元，由于内部没有热源，将式（2-117）中等号右侧项去掉，可得有限元求解矩阵，即

$$K^eT^e = 0 \qquad (2\text{-}118)$$

对于式（2-99）所示第二类边界单元，变分公式中多了一项法向热流密度。在土壤直埋电力电缆温度场计算中，图 2-6 所示两侧第二类边界条件上，没有法向热流密度，因而有限元求解矩阵与第一类边界单元相同。

对于式（2-100）所示第三类边界单元，由于土壤直埋电力电缆温度场中第

三类边界单元内也没有热源，因而有限元求解矩阵与式（2-118）相同，但系数矩阵中部分参数需要改变。取 j 和 m 为边界上的节点，则

$$k_{jj} = \phi(b_j^2 + c_j^2) + \frac{\alpha s_i}{3}, k_{mm} = \phi(b_m^2 + c_m^2) + \frac{\alpha s_i}{3}$$

$$k_{jm} = k_{mj} = \phi(b_j b_m + c_j c_m) + \frac{\alpha s_i}{6}$$

$$s_i = \sqrt{(x_j - x_m)^2 + (y_j - y_m)^2} = \sqrt{b_i^2 + c_i^2}$$

其他系数同前。

相关的三角形单元的公共边及公共节点上的函数数值相同，将每个三角形单元上构造的函数 $T^e(x,y)$ 总体合成，就得到整个场域上的分片线性插值函数 $T(x,y)$。

这样，变分问题的离散化最终归结为一个线性代数方程组，即以 T 值为未知量的二维温度场有限元方程

$$KT = P \tag{2-119}$$

在稳态温度场计算中，各媒质的导热系数为常数，则式（2-119）为一个线性方程组，可采用高斯消去法进行求解。其基本思想为：按序逐次消去未知量，把原来的方程组化为等价的三角形方程组，或者说，用矩阵行的初等变换将系数矩阵约化为简单的三角形矩阵；然后，按相反的顺序向上回代求解方程组。其计算过程可分为两步：第一步是正消过程，目的是把系数矩阵化为三角形矩阵；第二步是回代过程，目的是求解方程组的解。

第四节 有限元暂态温升计算

由于电力部门的临时调度或故障时，电力电缆线路会暂时流过大于长期额定载流量的负荷；由于电力负荷的波动性，电力电缆线路也会流过非稳态的负荷电流，这些因素都会对电力电缆线路沿线的温度场分布带来较大的影响。国际电工委员会（IEC）规定，交联聚乙烯电力电缆在流过短路电流时，5s 内绝缘层温度不容许超过 250℃，100h 的过载电流时绝缘层温度不能超过 130℃，且不超过 5次。因此，对土壤直埋电力电缆群暂态温度场的分析具有重要的意义。

式（2-75）给出了内部有热源的微元体的二维平面暂态微分方程，式（2-76）给出了内部没有热源的微元体的二维平面暂态微分方程。

对于有内热源的区域，如电力电缆缆芯导体、金属套、铠装层和绝缘层区

域，取泛函，得

$$J = \iint_D \left[\frac{\lambda}{2} \left(\frac{\partial T}{\partial x} \right)^2 + \frac{\lambda}{2} \left(\frac{\partial T}{\partial y} \right)^2 - q_v T + \rho c_p \frac{\partial T}{\partial t} T \right] \mathrm{d}x\,\mathrm{d}y \quad (2\text{-}120)$$

式中　ρ——媒质的密度，kg/m^3；

　　　　c_p——媒质的比热容，$J/(kg \cdot ℃)$。

对于无热源区域，如电力电缆的内衬层、外护层和土壤等区域，取泛函，得

$$J = \iint_D \left[\frac{\lambda}{2} \left(\frac{\partial T}{\partial x} \right)^2 + \frac{\lambda}{2} \left(\frac{\partial T}{\partial y} \right)^2 + \rho c_p \frac{\partial T}{\partial t} T \right] \mathrm{d}x\,\mathrm{d}y \quad (2\text{-}121)$$

对第一类边界条件，如土壤深层土壤温度恒定，其泛函与无热源区域泛函相同。

对第二类边界条件，如图 2-6 中左右两侧距离电缆 20m 边界线，取泛函，得

$$J = \iint_D \left[\frac{\lambda}{2} \left(\frac{\partial T}{\partial x} \right)^2 + \frac{\lambda}{2} \left(\frac{\partial T}{\partial y} \right)^2 + \rho c_p \frac{\partial T}{\partial t} T \right] \mathrm{d}x\,\mathrm{d}y + \oint_\Gamma q T \mathrm{d}s \quad (2\text{-}122)$$

由于图 2-6 中左右两侧边界线上没有热流梯度，因而式（2-122）可转换为式（2-121）。

对第三类边界条件，如图 2-6 中地表，取泛函，得

$$J = \iint_D \left[\frac{\lambda}{2} \left(\frac{\partial T}{\partial x} \right)^2 + \frac{\lambda}{2} \left(\frac{\partial T}{\partial y} \right)^2 + \rho c_p \frac{\partial T}{\partial t} T \right] \mathrm{d}x\,\mathrm{d}y + \oint_\Gamma \alpha \left(\frac{1}{2} T^2 - T_f T \right) \mathrm{d}s$$

$$(2\text{-}123)$$

将 Galerkin 法引入上述方程，并进行求导，可得定义域的平面暂态温度场有限元计算的基本方程，即

$$\frac{\partial J^D}{\partial T_l} = \iint_D \left[\lambda \left(\frac{\partial W_l}{\partial x} \frac{\partial T}{\partial x} + \frac{\partial W_l}{\partial y} \frac{\partial T}{\partial y} \right) - q_v W_l + \rho c_p W_l \frac{\partial T}{\partial t} \right] \mathrm{d}x\,\mathrm{d}y -$$

$$\int_\Gamma \lambda W_l \frac{\partial T}{\partial n} \mathrm{d}s = 0 \quad (l = 1, 2, \cdots, n) \quad (2\text{-}124)$$

可把边界条件式（2-82）～式（2-84）代入方程中的线积分项，从而使方程（2-124）满足边界条件。

对于第一类边界条件，附加的线积分项等于 0，式（2-124）转化为

$$\frac{\partial J^D}{\partial T_l} = \iint_D \left[\lambda \left(\frac{\partial W_l}{\partial x} \frac{\partial T}{\partial x} + \frac{\partial W_l}{\partial y} \frac{\partial T}{\partial y} \right) - q_v W_l + \rho c_p W_l \frac{\partial T}{\partial t} \right] \mathrm{d}x\,\mathrm{d}y = 0$$

$$(l = 1, 2, \cdots, n) \quad (2\text{-}125)$$

当内部没有热源时，方程（2-125）变为

$$\frac{\partial J^D}{\partial T_l} = \iint_D \left[\lambda \left(\frac{\partial W_l}{\partial x} \frac{\partial T}{\partial x} + \frac{\partial W_l}{\partial y} \frac{\partial T}{\partial y} \right) + \rho c_p W_l \frac{\partial T}{\partial t} \right] \mathrm{d}x\mathrm{d}y = 0 \quad (l = 1, 2, \cdots, n)$$

$$(2\text{-}126)$$

对于第二类边界条件，将（2-83）代入，式（2-124）转化为

$$\frac{\partial J^D}{\partial T_l} = \iint_D \left[\lambda \left(\frac{\partial W_l}{\partial x} \frac{\partial T}{\partial x} + \frac{\partial W_l}{\partial y} \frac{\partial T}{\partial y} \right) - q_v W_l + \rho c_p W_l \frac{\partial T}{\partial t} \right] \mathrm{d}x\mathrm{d}y +$$

$$\int_\Gamma q_2 W_l \mathrm{d}s = 0 \quad (l = 1, 2, \cdots, n) \qquad (2\text{-}127)$$

当内部没有热源时，方程（2-127）变为

$$\frac{\partial J^D}{\partial T_l} = \iint_D \left[\lambda \left(\frac{\partial W_l}{\partial x} \frac{\partial T}{\partial x} + \frac{\partial W_l}{\partial y} \frac{\partial T}{\partial y} \right) + \rho c_p W_l \frac{\partial T}{\partial t} \right] \mathrm{d}x\mathrm{d}y +$$

$$\int_\Gamma q_2 W_l \mathrm{d}s = 0 \quad (l = 1, 2, \cdots, n) \qquad (2\text{-}128)$$

对于第三类边界条件，将（2-84）代入，式（2-124）转化为

$$\frac{\partial J^D}{\partial T_l} = \iint_D \left[\lambda \left(\frac{\partial W_l}{\partial x} \frac{\partial T}{\partial x} + \frac{\partial W_l}{\partial y} \frac{\partial T}{\partial y} \right) - q_v W_l + \rho c_p W_l \frac{\partial T}{\partial t} \right] \mathrm{d}x\mathrm{d}y +$$

$$\int_\Gamma \alpha W_l (T - T_f) \mathrm{d}s = 0 \quad (l = 1, 2, \cdots, n) \qquad (2\text{-}129)$$

当内部没有热源时，方程（2-129）变为

$$\frac{\partial J^D}{\partial T_l} = \iint_D \left[\lambda \left(\frac{\partial W_l}{\partial x} \frac{\partial T}{\partial x} + \frac{\partial W_l}{\partial y} \frac{\partial T}{\partial y} \right) + \rho c_p W_l \frac{\partial T}{\partial t} \right] \mathrm{d}x\mathrm{d}y +$$

$$\int_\Gamma \alpha W_l (T - T_f) \mathrm{d}s = 0 \quad (l = 1, 2, \cdots, n) \qquad (2\text{-}130)$$

区域 D 剖分与稳态时相同，假设共剖分为 E 个单元和 n 个节点，这时变分计算可以在单元中进行，即

$$\frac{\partial J_e}{\partial T_l} = \iint_e \left[k \left(\frac{\partial W_l}{\partial x} \frac{\partial T}{\partial x} + \frac{\partial W_l}{\partial y} \frac{\partial T}{\partial y} \right) - q_v W_l + \rho c_p W_l \frac{\partial T}{\partial t} \right] \mathrm{d}x\mathrm{d}y -$$

$$\int_{\Gamma_e} k W_l \frac{\partial T}{\partial n} \mathrm{d}s \quad (l = i, j, m) \qquad (2\text{-}131)$$

这里，i、j、m 是三角形剖分单元的局部节点编号，即三角形单元的三个顶点。

对于内部有热源单元，如电力电缆缆芯导体、金属套、铠装层和绝缘层，单元变分的基本方程为

$$\frac{\partial J_e}{\partial T_l} = \iint_e \left[\lambda \left(\frac{\partial W_l}{\partial x} \frac{\partial T}{\partial x} + \frac{\partial W_l}{\partial y} \frac{\partial T}{\partial y} \right) - q_v W_l + \rho c_p W_l \frac{\partial T}{\partial t} \right] \mathrm{d}x \mathrm{d}y \quad (l = i, j, m)$$

$$(2\text{-}132)$$

对于内部无热源单元（如电力电缆的内衬层和外护层、土壤等区域）和第一类边界单元，单元变分的基本方程为

$$\frac{\partial J_e}{\partial T_l} = \iint_e \left[\lambda \left(\frac{\partial W_l}{\partial x} \frac{\partial T}{\partial x} + \frac{\partial W_l}{\partial y} \frac{\partial T}{\partial y} \right) + \rho c_p W_l \frac{\partial T}{\partial t} \right] \mathrm{d}x \mathrm{d}y \quad (l = i, j, m)$$

$$(2\text{-}133)$$

对于第二类边界单元，变分计算的基本方程为

$$\frac{\partial J_e}{\partial T_l} = \iint_e \left[\lambda \left(\frac{\partial W_l}{\partial x} \frac{\partial T}{\partial x} + \frac{\partial W_l}{\partial y} \frac{\partial T}{\partial y} \right) + \rho c_p W_l \frac{\partial T}{\partial t} \right] \mathrm{d}x \mathrm{d}y +$$

$$\int_{jm} q_2 W_l \mathrm{d}s \quad (l = i, j, m) \qquad (2\text{-}134)$$

对于第三类边界单元，变分计算的基本方程为

$$\frac{\partial J_e}{\partial T_l} = \iint_e \left[\lambda \left(\frac{\partial W_l}{\partial x} \frac{\partial T}{\partial x} + \frac{\partial W_l}{\partial y} \frac{\partial T}{\partial y} \right) + \rho c_p W_l \frac{\partial T}{\partial t} \right] \mathrm{d}x \mathrm{d}y +$$

$$\int_{jm} \alpha W_l (T - T_f) \mathrm{d}s \quad (l = i, j, m) \qquad (2\text{-}135)$$

将式（2-132）～式（2-135）代入式（2-124），就得到总体合成的有限元求解代数方程组，即

$$\frac{\partial J^D}{\partial T_l} = \sum_{e=1}^{E} \frac{\partial J_e}{\partial T_l} = 0 \quad (l = 1, 2, \cdots, n) \qquad (2\text{-}136)$$

方程（2-136）有 n 个代数式，可以计算 n 个节点温度。

与稳态温度场类似，取式（2-102）给出的线性插值函数，可得暂态平面温度场有限元计算的线性方程组

$$\boldsymbol{K}\boldsymbol{T} + \boldsymbol{N} \frac{\partial T}{\partial t} = \boldsymbol{P} \qquad (2\text{-}137)$$

$$N = \sum N_e$$

式中系数矩阵 $\boldsymbol{K}$ 和 $\boldsymbol{P}$ 中的参数与稳态温度场计算相同；系数矩阵 $\boldsymbol{N}$ 有各个单元系数矩阵集成而成。

单元系数矩阵 $\boldsymbol{N}_e$ 与 $\boldsymbol{K}^e$ 具有相同的维数，其中

32

$$n_{ii} = n_{jj} = n_{mm} = \frac{\rho c_p \Delta}{6}$$

$$n_{ij} = n_{ji} = n_{im} = n_{mi} = n_{jm} = n_{mj} = \frac{\rho c_p \Delta}{12}$$

暂态温度场的计算除了边界条件必须已知外，初始条件也是已知的，通常称它为初边值问题。求解就从初始温度场开始，每隔一个时间步长，求解下一时刻的温度场，这样一步一步向前推进，这种求解过程称为步进积分。这类问题的求解特点是在空间域内用有限单元网格划分，而在时间域内则用有限差分网格划分。实质上是有限元和有限差分的混合解法。

有限差分求解暂态温度场常用 Grank-Nicolson 公式

$$\frac{1}{2}\left[\left(\frac{\partial T}{\partial t}\right)_t + \left(\frac{\partial T}{\partial t}\right)_{t-\Delta t}\right] = \frac{1}{\Delta t}(T_t - T_{t-\Delta t}) \tag{2-138}$$

分别计算式（2-119）在 t 和 $t-\Delta t$ 时刻的值，然后代入式（2-138），可得计算暂态温度场的克兰克·尼克尔森（Grank-Nicolson）公式，即

$$\left([K] + \frac{2[N]}{\Delta t}\right)[T]_t = ([P]_t + [P]_{t-\Delta t}) + \left(\frac{2[N]}{\Delta t} - [K]\right)[T]_{t-\Delta t} \tag{2-139}$$

第五节　排管电缆温升数值计算

排管、隧道、沟槽电力电缆温度场都耦合了传导、对流、辐射三种传热方式。在电缆本体和土壤内仅存在传导传热，在电缆外表面和排管内表面间存在辐射传热，在空气域存在自然对流传热。这种存在流体和固体两种传热媒介的场域，通常采用流固耦合的方式计算温度场。

一、流场计算方程

电缆本体及土壤中的热传导控制方程以及热源和温度场区域的外边界条件与第三节相同，其有限元计算方法也相同，这里不再赘述。

在二维直角坐标系中，排管内空气的自然对流过程可以用微元体内的质量守恒定律、动量守恒定律及能量守恒定律描述，并分别以连续性方程、动量方程和能量方程表示。

连续性方程为

$$\frac{\partial u}{\partial x} + \frac{\partial v}{\partial y} = 0 \tag{2-140}$$

式中 u、v——流场速度向量在 x 和 y 轴的分量，m/s。

引入布西奈斯克（Boussinesq）假设❶和有限压力的概念，可得动量方程，即

$$\begin{cases} \rho\left(u\,\frac{\partial u}{\partial x} + v\,\frac{\partial u}{\partial y}\right) = -\frac{\partial p}{\partial x} + \eta\left(\frac{\partial^2 u}{\partial x^2} + \frac{\partial^2 u}{\partial y^2}\right) + \rho g\alpha(T - T_r)\cos\theta \\ \rho\left(u\,\frac{\partial v}{\partial x} + v\,\frac{\partial v}{\partial y}\right) = -\frac{\partial p}{\partial y} + \eta\left(\frac{\partial^2 v}{\partial x^2} + \frac{\partial^2 v}{\partial y^2}\right) + \rho g\alpha(T - T_r)\sin\theta \end{cases} \tag{2-141}$$

式中 T_r——参考温度，℃；

ρ——密度，kg/m³；

p——流场的压力标量，Pa；

g——重力加速度，m/s²；

η——动力黏度，Pa·s；

α——体积膨胀系数，K⁻¹；

θ——重力加速度与 x 轴的夹角。

引入 Fourier 定律，可得稳态、单物质、不计黏性耗散、辐射和内热源时的能量方程，即

$$u\,\frac{\partial T}{\partial x} + v\,\frac{\partial T}{\partial y} - \lambda\left(\frac{\partial^2 T}{\partial x^2} + \frac{\partial^2 T}{\partial y^2}\right) = 0 \tag{2-142}$$

式中 λ——流体的导温系数，W/(m·c)。

在直角坐标系中的有限空间自然对流，一般可以忽略压力项的求解，可采用涡量—流函数作为待求函数的 Galerkin 有限单元法求解。

定义二维流函数 ψ 为

$$\begin{cases} \dfrac{\partial \psi}{\partial y} = u \\ \dfrac{\partial \psi}{\partial x} = -v \end{cases} \tag{2-143}$$

---

❶ 流体中的黏性耗散略而不计；除密度外其他物性为常数；对密度仅考虑动量方程中与体积力有关的项，其余各项中的密度亦作为常数。

34

定义二维涡量函数为

$$\omega = \frac{\partial u}{\partial y} - \frac{\partial v}{\partial x} \tag{2-144}$$

把式（2-141）中两式交叉求导并相减，再引入涡量和流函数的定义，可得涡量、流函数的动量方程为

$$\frac{\partial^2 \psi}{\partial x^2} + \frac{\partial^2 \psi}{\partial y^2} - \omega = 0 \tag{2-145}$$

$$\rho \frac{\partial}{\partial x}\left(\omega \frac{\partial \psi}{\partial y}\right) - \rho \frac{\partial}{\partial y}\left(\omega \frac{\partial \psi}{\partial x}\right) = \eta\left(\frac{\partial^2 \omega}{\partial x^2} + \frac{\partial^2 \omega}{\partial y^2}\right) + \rho g\alpha\left(\frac{\partial T}{\partial y}\cos\theta - \frac{\partial T}{\partial x}\sin\theta\right)$$

$$\tag{2-146}$$

引入涡量和流函数后，能量方程变为

$$\rho \frac{\partial}{\partial x}\left(T \frac{\partial \psi}{\partial y}\right) - \rho \frac{\partial}{\partial y}\left(T \frac{\partial \psi}{\partial x}\right) = \frac{\partial}{\partial x}\left(\frac{\lambda}{c_p}\frac{\partial T}{\partial x}\right) + \frac{\partial}{\partial y}\left(\frac{\lambda}{c_p}\frac{\partial T}{\partial y}\right) \tag{2-147}$$

在固体壁面（电缆表面和管内壁）上，由于黏性流体的 $u=v=0$，所以流函数的壁面边界条件为

$$\begin{cases} \psi_w = 0 \\ \left(\dfrac{\partial \psi}{\partial x}\right)_w = 0 \\ \left(\dfrac{\partial \psi}{\partial y}\right)_w = 0 \end{cases} \tag{2-148}$$

在壁面静止时，涡量的壁面边界条件可由流函数计算而得，即

$$\omega_w = -2\left[\psi_i + \left(\frac{\partial \psi}{\partial n}\right)_w \Delta n\right]/(\Delta n)^2 \tag{2-149}$$

在自然对流换热中，流函数、涡量及温度这三类变量是互相耦合的。由于流场问题本身的非线性，一般采用迭代法。

在迭代计算过程中，式（2-147）转化为一个纯导热微分方程，计算过程与第三章固体传热的方法相同，这里不再重复。同时式（2-145）和式（2-146）均化为单一参量的方程，因此也可以采用与前面固体传热相同的方法进行计算。

涉及流场的计算，往往采用四边形网格进行剖分和计算，剖分原则为温度变化和关注的区域剖分密度要高，其他区域剖分密度稍小，可以减小对计算机

的要求，而不降低计算精度。

对于每一个四边形单元，设其四个顶点的坐标为 $(x_i，y_i)$，$(x_j，y_j)$，$(x_k，y_k)$ 和 $(x_m，y_m)$。定义几个变量为

$$\begin{cases} a_1 = -x_i + x_j + x_k - x_m \\ a_2 = -y_i + y_j + y_k - y_m \\ a_3 = -x_i - x_j + x_k + x_m \\ a_4 = -y_i - y_j + y_k + y_m \\ A = x_i - x_j + x_k - x_m \\ B = y_i - y_j + y_k - y_m \end{cases} \tag{2-150}$$

取 $(\xi，\eta)$ 为单元内的局部坐标，设

$$\begin{cases} L_1 = a_1 + A\eta \\ L_2 = a_2 + B\eta \\ L_3 = a_3 + A\xi \\ L_4 = a_4 + A\xi \end{cases} \tag{2-151}$$

定义单元内的型函数为

$$\begin{cases} H_i = (1-\xi)(1-\eta)/4 \\ H_j = (1+\xi)(1-\eta)/4 \\ H_k = (1+\xi)(1+\eta)/4 \\ H_m = (1-\xi)(1+\eta)/4 \end{cases} \tag{2-152}$$

满足

$$\begin{cases} x = H_i x_i + H_j x_j + H_k x_k + H_m x_m \\ y = H_i y_i + H_j y_j + H_k y_k + H_m y_m \end{cases} \tag{2-153}$$

由此，对四边形单元，可构造双线性的插值函数

$$T = b_1 + b_2\xi + b_3\eta + b_4\xi\eta \tag{2-154}$$

式中 b_1、b_2、b_3 和 b_4 为待定系数，可用四边形四个顶点的坐标值和温度值代入而得到四个联立求解的代数方程组，即

$$\begin{bmatrix} 1 & -1 & -1 & 1 \\ 1 & 1 & -1 & -1 \\ 1 & 1 & 1 & 1 \\ 1 & -1 & 1 & -1 \end{bmatrix} \begin{bmatrix} b_1 \\ b_2 \\ b_3 \\ b_4 \end{bmatrix} = \begin{bmatrix} T_i \\ T_j \\ T_k \\ T_m \end{bmatrix} \tag{2-155}$$

对上述矩阵求逆，可以解得

36

$$\begin{cases} b_1 = (T_i + T_j + T_k + T_m)/4 \\ b_2 = (-T_i + T_j + T_k - T_m)/4 \\ b_3 = (-T_i - T_j + T_k + T_m)/4 \\ b_4 = (T_i - T_j + T_k - T_m)/4 \end{cases} \tag{2-156}$$

得单元内温度的表达式

$$T = H_i T_i + H_j T_j + H_k T_k + H_m T_m \tag{2-157}$$

根据伽略金公式，式（2-145）的变分式经过与导热微分方程完全相同的推导后，可得

$$\frac{\partial J^D}{\partial \psi_l} = \oint_\Gamma W_l \frac{\partial \psi}{\partial n} ds - \iint_D \left(\frac{\partial W_l}{\partial x} \frac{\partial \psi}{\partial x} + \frac{\partial W_l}{\partial y} \frac{\partial \psi}{\partial y} - \omega W_l \right) dx dy = 0$$
$$(l = 1, 2, \cdots, n) \tag{2-158}$$

对于四边形单元的变分式，可以写成

$$\frac{\partial J^e}{\partial \psi_l} = \oint_{km} W_l \frac{\partial \psi}{\partial n} ds - \iint_e \left(\frac{\partial W_l}{\partial x} \frac{\partial \psi}{\partial x} + \frac{\partial W_l}{\partial y} \frac{\partial \psi}{\partial y} - \bar{\omega} W_l \right) dx dy = 0 \quad (l = i, j, k, m) \tag{2-159}$$

如果把式（2-159）的展开结果写成矩阵形式，则

$$\left(\frac{\partial J}{\partial \psi} \right)^e = [K]^e \{\psi\}^e - \{P\}^e = 0 \tag{2-160}$$

其中 $[K]^e$ 的矩阵元素为

$$k_{\ln} = \sum_{s=1}^M \sum_{t=1}^M \omega_s \omega_t \frac{1}{256 |J|} (E_l E_n + F_l F_n) |_{(\xi_s, \eta_t)}$$
$$(l = i, j, k, m; n = i, j, k, m) \tag{2-161}$$

$$E_l = L_1 \frac{\partial H_l}{\partial \eta} - L_3 \frac{\partial H_l}{\partial \xi}$$

$$E_n = L_1 \frac{\partial H_n}{\partial \eta} - L_3 \frac{\partial H_n}{\partial \xi}$$

$$F_l = L_2 \frac{\partial H_l}{\partial \eta} - L_4 \frac{\partial H_l}{\partial \xi}$$

$$F_n = L_2 \frac{\partial H_n}{\partial \eta} - L_4 \frac{\partial H_n}{\partial \xi}$$

式（2-161）是一个对称正定矩阵，E_l、E_n、F_l 和 F_n 都是 (ξ, η) 的函数，并与节点的坐标有关。

$\{P\}^e$ 中的矩阵元素为

$$p_l = \sum_{s=1}^{M} \sum_{t=1}^{M} \left[\omega_s \omega_t \left(\sum_{n=}^{i,j,k,m} H_n \bar{\omega}_n \right) H_l |J| \right] \Big|_{(\xi_s, \eta_t)} +$$

$$\begin{cases} 0 & \text{当 } l = i,j \\ \dfrac{S_{km}}{2} \dfrac{\partial \psi}{\partial n} & \text{当 } l = k,m \end{cases} \qquad (l = i,j,k,m) \qquad (2\text{-}162)$$

式（2-146）的变分形式为

$$\iint_D W_l \left[\nu \left(\frac{\partial^2 \omega}{\partial x^2} + \frac{\partial^2 \omega}{\partial y^2} \right) + \frac{\partial \bar{\psi}}{\partial x} \frac{\partial \bar{\omega}}{\partial y} - \frac{\partial \bar{\psi}}{\partial y} \frac{\partial \bar{\omega}}{\partial x} \right] \mathrm{d}x \mathrm{d}y = 0 \qquad (l = 1,2,\cdots,n)$$

$$(2\text{-}163)$$

代入格林公式及边界余弦关系后，得

$$\frac{\partial J^D}{\partial \omega_l} = \oint_\Gamma \nu W_l \frac{\partial \omega}{\partial n} \mathrm{d}s - \iint_D \left[\nu \left(\frac{\partial W_l}{\partial x} \frac{\partial \omega}{\partial x} + \frac{\partial W_l}{\partial y} \frac{\partial \omega}{\partial y} \right) - W_l \left(\frac{\partial \bar{\psi}}{\partial x} \frac{\partial \bar{\omega}}{\partial y} - \frac{\partial \bar{\psi}}{\partial y} \frac{\partial \bar{\omega}}{\partial x} \right) \right] \mathrm{d}x \mathrm{d}y = 0$$

$$(l = 1,2,\cdots,n) \qquad (2\text{-}164)$$

由此得到单元的变分表达式，即

$$\frac{\partial J^e}{\partial \omega_l} = \iint_e \left[\nu \left(\frac{\partial W_l}{\partial x} \frac{\partial \omega}{\partial x} + \frac{\partial W_l}{\partial y} \frac{\partial \omega}{\partial y} \right) - W_l \left(\frac{\partial \bar{\psi}}{\partial x} \frac{\partial \bar{\omega}}{\partial y} - \frac{\partial \bar{\psi}}{\partial y} \frac{\partial \bar{\omega}}{\partial x} \right) \right] \mathrm{d}x \mathrm{d}y = 0$$

$$(l = i,j,k,m) \qquad (2\text{-}165)$$

如果把扩散项和对流项写成两个矩阵块，则式（2-165）可写成

$$\left\{ \frac{\partial J}{\partial \omega} \right\}^e = ([K]^e - [R]^e) \{\omega\}^e = 0 \qquad (2\text{-}166)$$

式中，$[K]^e$ 的矩阵元素同式（2-161）；$[R]^e$ 的矩阵元素可表示为

$$R_{\ln} = \sum_{s=1}^{M} \sum_{t=1}^{M} \omega_s \omega_t \frac{H_l}{16|J|} \left\{ TM_1 \left[-(a_3 + A\xi) \frac{\partial H_n}{\partial \xi} + (a_1 + A\eta) \frac{\partial H_n}{\partial \eta} \right] \right.$$

$$\left. - TM_3 \left[(a_4 + B\xi) \frac{\partial H_n}{\partial \xi} - (a_2 + B\eta) \frac{\partial H_n}{\partial \eta} \right] \right\} \Big|_{(\xi_s, \eta_t)}$$

$$l, n = i,j,k,m \qquad (2\text{-}167)$$

式（2-160）和式（2-166）可采用流线迎风彼得洛夫-伽辽金法（Petrov-Galerkin，SUPG）法进行求解。

对于排管敷设，除了传导、对流外，还有辐射传热，而且不能忽略。

两个表面之间的热辐射计算公式为

$$Q_i = \sigma \varepsilon_i F_{ij} A_i (T_i^2 + T_j^2)(T_i + T_j)(T_i - T_j) \qquad (2\text{-}168)$$

式中　Q_i——表面 i 的传热率；

σ——斯蒂芬-玻耳兹曼（Stefan-Bolzman）常数，$W/(m^2 \cdot c^4)$；

ε_i——有效热辐射率；

F_{ij}——角系数；

A_i——表面 i 的面积，m^2；

T_i 和 T_j——表面 i 与表面 j 的绝对温度值，K。

其中该单元与其他表面上单元的角系数 F_{ij} 采用非隐藏法计算，具体方程为

$$F_{ij} = \frac{1}{A_i} \sum_{p=1}^{m} \sum_{q=1}^{n} \left(\frac{\cos\theta_{ip}\cos\theta_{jq}}{\pi r^2} \right) A_{ip} A_{jq} \tag{2-169}$$

式中　m——表示面单元 i 上的积分点数；

n——表示面单元 j 上的积分点数。

式（2-161）可写为

$$Q_i = h_i(T_i - T_j) \tag{2-170}$$

其中

$$h_i = \sigma \varepsilon_i F_{ij} A_i (T_i^2 + T_j^2)(T_i + T_j) \tag{2-171}$$

因此，辐射传热是以第三类边界条件的形式施加在电缆本体的外表面，以及排管内壁剖分单元的网格边界上。很明显，热辐射是一个高度非线性传热问题，必须通过迭代的方法计算。

二、流固耦合计算

在对传导、对流和辐射换热问题进行分析和数值计算时，对固体边界上的换热条件一般都作出规定：或给定边界上的温度分布，或规定边界上的热流分布，或给出壁面温度与热流密度间的依变关系，即传热计算的三类边界条件。

无论导热或对流，在固体边界上都可以具有这三种边界条件。但还有一部分导热和对流换热过程的边界条件不能用上述的三类边界条件来概括，例如排管电缆敷设方式。

对于热边界条件无法预先规定，而是受到流体与壁面之间、两个表面之间相互作用的制约。这时，无论界面上的温度还是热流密度都应看成是计算的一部分，而不是已知条件。大多数有意义的耦合问题都无法获得分析解，而要采用数值解法。

数值解法可分为分区求解、边界耦合的方法及整场求解法两大类。这里简要介绍分区求解、边界耦合的方法。

分区计算、边界耦合方法的实施步骤是：

（1）分别对电缆本体、空气、土壤中的物理问题建立控制方程。

（2）列出每个区域的边界条件（电缆内部热源和场域外部边界与第三章相同），其中不同区域耦合边界上的条件可以取下列三种表达式中的两个。

耦合边界上温度连续，有

$$T_w\big|_1 = T_w\big|_2 \tag{2-172}$$

耦合边界上的热流密度连续，有

$$q_w\big|_1 = q_w\big|_2 \tag{2-173}$$

耦合边界上的第三类条件，有

$$-\lambda\left(\frac{\partial T}{\partial n}\right)_w\bigg|_1 = h(T_w - T_f)\big|_2 \tag{2-174}$$

对于第三种情形，区域 2 为空气，区域 1 为固体（电缆或土壤），式中 n 为壁面的外法线。

（3）首先对电缆、空气和土壤均按传导传热进行有限元求解，得到初始温度场分布，然后应用式（2-174）或式（2-175）求解耦合边界上的局部热流密度和温度梯度，求解空气域内的对流扩散方程和辐射方程，以得出耦合边界上新的温度分布。再以此分布作为电缆和土壤的输入，求解传导控制方程。重复上述计算直到满足收敛条件为止。若以 ϕ 表示任一自由度，则该自由度的收敛监测量 S 可表示为

$$S = \frac{\sum\limits_{i=1}^{N} |\phi_i^k - \phi_i^{k-1}|}{\sum\limits_{i=1}^{N} |\phi_i^k|} \tag{2-175}$$

当温度和流体速度两者的收敛量均小于 10^{-10} 时，即可中止迭代。

第六节 真 型 试 验

为了研究地埋电缆的载流能力，电力部门和研究人员较早开展了试验研究。试验研究可以直观地监测给定电流下电缆缆芯的温度变化情况，从而获得最直接的载流量数据，受到广大电缆工程师和研究人员的认可。此外，无论是解析计算还是数值计算，经验公式往往来源于实际运行工况或试验的结果，计算结果需要用试验结果来进行验证，从而取得可信性。因此，开展地埋电力电缆的试验具有重要的价值。

一、试验系统

根据地埋电缆缆芯温升和载流量试验的需要，图 2-8 所示的试验线路广泛引用。

为了试验接取电源的方便，一般由市电供电。因此自耦调压器一次侧接工频 50Hz 的市电，自耦调压器二次侧与升流器连接。通过调节自耦调压器，可以改变升流器一次侧的电压，从而改变升流器的输出电流。升流器二次侧采用穿心式结构或少匝数的铜排，实现试验电源的低压大电流信号输出。二次侧输出铜排通过铜鼻子与试验电缆两端相连。如果有多根电缆同时试验，则需将多根电缆首尾串联，再与升流器相连。

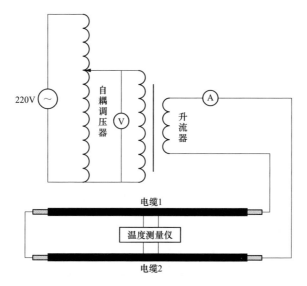

图 2-8　电缆试验系统

二、设备选型

1. 试验电缆

试验电缆的型号和敷设方式根据用户要求或研究要求选择。在方法研究中，主要验证模型和计算方法的正确性，尽量选择结构形式和敷设方式相同，但截面较小的电缆，这样可以有效减小大电流发生器的容量和试验电流值。

在试验中，无法对全长模型开展试验。试验电缆的长度应远大于其横截面积，这样就可以将其等效为二维温度场，在测量电缆缆芯和表皮温度时，在电缆全长的中点进行测量即可。

2. 大电流发生器

电缆温升和载流量试验时间通常为几小时、几天、甚至几十天，调压器和升流器必须选用可适应长期工作的设备，通常都装配散热风扇。根据试验要求，由试验电缆型号计算电缆的电阻以及需要试验的电流，可计算出所需要的功率。通常单相功率为几个千瓦，可输出电流为几百安至上千安。图 2-9 给出了调压器和升流器的外形结构。

图 2-9　调压器和升流器的外形结构

3. 温度测量仪

温度测量的方式有两种：①利用光纤进行测温；②采用热电偶或热敏电阻来测温。图 2-10 给出了可选用的多回路温度监测仪，利用热电偶可以实时测量多个回路的温度，回路数根据试验电缆的数量、所检测的点数确定。以图 2-8 所示系统为例，2 根试验电缆，每根电缆需要测量 3 个缆芯温度，3 个表皮温度，共计 12 个测温点，再加上地埋环境温度的 3 个测温点，共需 15 个测温点，可据此来选择满足测温需求的测温仪器。

图 2-10　多回路温度测量仪

每个测温对象应选择 3 个以上测温点。在实际测量中，如果 3 个点的温度基本一致，则取平均值作为测量结果；如果有一个测温异常点，则取另两个点的平均值作为测量结果。这样可以避免单个测温探头出现故障后，难以获得准确测温数据的问题。此外，每个测温探头在装配前，均应进行校准。

三、试验实例

1. 试验对象

直埋敷设，3 根 10kV YJV-120mm^2 的单芯电缆，电缆间距为 100mm。试验连接如图 2-11 所示。试验中，每根电缆缆芯相距 10mm 安装 3 个热电偶测量缆芯温度，最终取 3 个热电偶的平均值作为缆芯温度值。同时利用 3 个热电偶监测地面环境温度值。

图 2-11　直埋电缆试验回路图

2. 试验目的

研究直埋电缆在阶跃电流下的暂态温升，因此需开展单根电缆的自热暂态温升试验和 3 根电缆的综合暂态温升试验，试验时长均为 65h，试验电流为 500A。

3. 试验回路

试验电缆连接如图 2-11 所示。需要外加一根回流线，为了回流线不影响试验电缆的温升，应距离试验电缆足够的距离，试验中回流线距离试验电缆 10m。3 根电缆试验时，也需要通过回流线构成一个回路。

4. 试验步骤

（1）单根电缆自热暂态温升试验。直埋电缆的暂态温升特性与试验电流无关，只与土壤环境特性有关。试验线路中只有电缆 1 和回流线连接，电缆 2 和电缆 3 不连接。试验中给电缆 1 加试验电流 500A，连续加电流 65h。由于试验回路电压直接与市电连接，而市电本身具有一定的波动，且试验过程中，电缆温升不断升高，其电阻率不断增大，很难保证试验电流的稳定，因此，试验期间应实时观察电流表，实时调整自耦调压器，维持试验电流的稳定。

（2）多根电缆暂态温升试验。试验中首先加试验电流 500A，65h 后加 550A，1 号、2 号、3 号电缆和回流线串联，每根电缆电流相同。试验期间仍需要不断调整自耦变压器输出，维持电流的稳定。

5. 试验结果

单独 1 号电缆加电流的试验结果如图 2-12 所示，分别给出了 1 号电缆的自热暂态温度和相邻 2 号、3 号电缆的互热暂态温度。图 2-13 给出了 3 根电缆同时加载的试验结果。

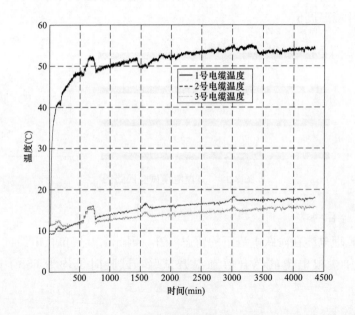

图 2-12　电缆自热和互热试验结果

从图 2-12 和图 2-13 的温度曲线可以看出，电缆温升的上升趋势明显，但波动较大。其原因可以归结为：①电压的波动，电压波动带来电流的波动，从而使得电缆的发热波动；②电阻率的影响，缆芯温度上升，电阻率增大，在电压不变的情况下，输出电流减小，发热减小；③环境温度，长时间加电流试验时，环境温度变化较大，从而使得缆芯温升的变化。图 2-14 给出了 3 根电缆同时加电流时的环境温度，可以看出整个试验期间环温波动幅度较大。因此，应对试验结果进行合理的整理，此处不再赘述。

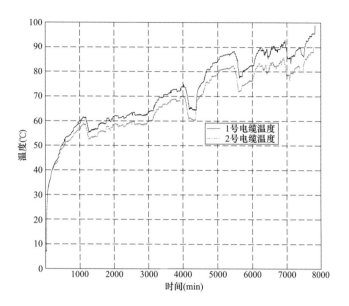

图 2-13　3 根电缆同时加电流试验结果

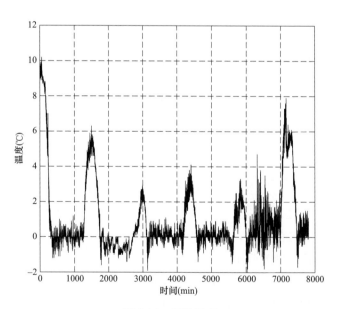

图 2-14　环境温度

第七节 在 线 监 测

地埋电力电缆线路的难点在于难以准确表达整个场域的热特性参数,从而决定了其温度计算的不确定性。而决定电力电缆导体载流量最直接的表征量是导体温度,一旦确定了电缆导体暂态和稳态温度,就很容易确定电力电缆线路暂态和稳态载流量。

利用测温技术,实时监测整条电缆线路或已知热点的温度,就可以直接判断电缆是否工作在安全范围内,有助于确定电缆的额定载流量和动态载流能力。目前,电力部门和研究人员常用的电缆温度在线监测方法是利用热电偶装在电缆表面重要部位进行测温和利用分布式光纤连续测量电缆表面温度。热电偶测温方法只能对电缆系统局部位置进行测温,无法实现对整条线路实时温度在线监测。而分布式光纤测温技术只需一根或几根光纤就可连续监测长达数公里的电缆线路的温度,可以找出整条线路的最热点,而且不受电缆分布电流的影响,因而得到越来越广泛的应用。

一、光纤测温

光纤测温的基本原理是:利用一根光纤作为温度信息传导介质,向光纤中发射一个光脉冲后,光纤中的每一个单独的点都将后向散射一小部分光,这一后向散射光包含有斯托克斯光和反斯托克斯光。其中斯托克斯光与温度无关,而反斯托克斯光的强度随温度的变化而变化。由反斯托克斯光与斯托克斯光之比和温度的定量关系,可得温度值为

$$T = \frac{h \Delta f}{K} \left[\ln\left(\frac{I_S}{I_{AS}}\right) + 4\ln\left(\frac{f_0 + \Delta f}{f_0 - \Delta f}\right) \right]^{-1} \qquad (2\text{-}176)$$

式中　h——普朗克常数;

　　　K——玻尔兹曼常数;

　　　I_S——斯托克斯光强度,s^{-1}/sr;

　　　I_{AS}——反斯托克斯光强度,s^{-1}/sr;

　　　f_0——伴随光频率,Hz;

　　　Δf——拉曼光频率增量,Hz。

利用入射光和反向散射光之间的时间差 Δt_i 和光纤内的光传播速度 c_k,可以计算不同散射点距入射端的距离 X_i,即

$$X_i = c_k \frac{\Delta t_i}{2} \qquad (2\text{-}177)$$

式中 Δt_i——反向散射延迟时间，s；

       c_k——光纤中的光传播速度，m/s。

因而可以得到光纤沿程几乎连续的温度分布。光纤测温系统如图 2-15 所示。

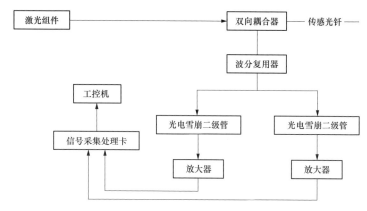

图 2-15   光纤测温系统结构

系统分为硬件和软件两大部分。硬件主要由激光组件、双向耦合器、波分复用器、光电雪崩二极管、放大器、信号采集卡和工控机等组成。软件主要读取信号采集卡的状态、斯托克斯数据、反斯托克斯数据、环境温度等，通过运算，计算出光纤上各点温度数据，并在本地显示。

分布式光纤测温系统的主要性能指标包括：①测试通道端口为 8～16 个；②系统测量的空间分辨率为±1m；③测量时间分辨率为秒；④系统的温度精度小于±1℃；⑤工作寿命大于 10 年。

系统的工作机理是：当电缆温度变化时，紧贴在电缆上的传感光纤的温度也相应变化。光纤所处空间各点的温度场调制了光纤中后向散射光的强度，经波分复用器将后向散射光中的斯托克斯光和反斯托克斯光分离开，再由光电雪崩二极管和放大器分别对这两种光进行接收放大处理，然后经信号采集卡后，由计算机进行数据处理，将光纤各点温度信息实时提取出来并存储。

光纤通常一端插入主处理机上的光纤插口，另一端顺电缆方向紧贴外护套表面，用胶布粘好，重点监测部位需多缠绕几圈。分布式光纤测温适用于电力电缆全线，并进行全天候的实时测量。

二、稳态缆芯温度实时计算

目前的测温光纤主要安装在电缆表皮或金属套，测得温度并非电缆的缆芯温度，因此需要根据光纤测温的结果计算缆芯的温度。

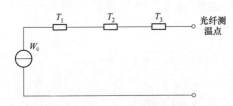

图 2-16　单芯电缆本体热路模型

以 10kV 单芯电缆为例，绝缘层损耗可以忽略，如果金属套为疏绕铜丝，且电缆单端接地，金属套损耗也很小，可以忽略。当光纤安装在电缆表面时，则逆推电缆缆芯温度的热路模型如图 2-16 所示。

假设光纤测得的电缆表面温度为 θ_0，则电缆缆芯温度 θ_c 为

$$\theta_c = W_c(T_1 + T_2 + T_3) + \theta_0$$

(2-178)

当光纤安装在电缆金属套内时，则逆推电缆缆芯温度的热路模型如图 2-17 所示。

假设光纤测得的电缆金属套温度为 θ_0，则电缆缆芯温度 θ_c 为

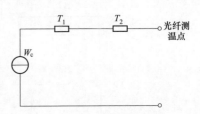

图 2-17　金属套测温热路模型

$$\theta_c = W_c(T_1 + T_2) + \theta_0 \qquad (2-179)$$

三、暂态缆芯温度实时计算

当电缆加阶跃负荷时，缆芯温升在短时间内将是一个暂态的变化过程，电缆表面的光纤测的也是一个暂态的温度，则缆芯温度需要通过求解暂态热路模型计算。

当光纤测的电缆表面温度为 θ_0 时，则电缆缆芯温度可根据 IEC 60853 给出的等效热路模型计算，如图 2-18 所示。

根据节点电流法，图 2-18 所示热路模型的微分方程为

$$\begin{cases} W_c = Q_A \dfrac{\mathrm{d}\theta_c}{\mathrm{d}t} + \dfrac{\theta_c - \theta_B}{T_A} \\ \dfrac{\theta_c - \theta_B}{T_A} = Q_B \dfrac{\mathrm{d}\theta_B}{\mathrm{d}t} + \dfrac{\theta_B - \theta_0}{T_B} \end{cases}$$

(2-180)

式中　θ_c——缆芯温度，℃；

　　　θ_B——中间节点温度，℃。

48

在已知热路模型参数和电缆表面暂态温度的情况下，可以求解出电缆的缆芯温度。方程的求解可以采用龙格库塔法求解，具体求解步骤可参考相关文献。

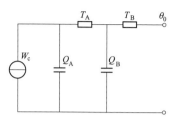

图 2-18　暂态热路模型
计算缆芯温升

在暂态情况下，电缆本体热容较小，很快就会达到稳态。有限元计算的某电缆本体温升曲线如图 2-19 所示。

当时间足够长后，即使整个场域没有进入稳态，电缆本体已经进入稳态，利用稳态热路模型，可由电缆表面的测温点，由式（2-180）计算出缆芯温度。

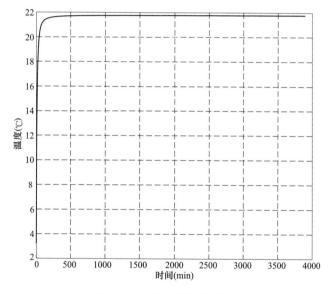

图 2-19　电缆本体暂态温升图

第三章　地埋电缆群稳态温升集总参数模型

地埋电力电缆群稳态缆芯温升和载流量计算的主要依据是 IEC 60287，或者采用数值计算的方法。但在实际工程中，电缆工程师往往需要一个理论模型简单、操作便捷、计算速度快的方法，现场实时计算地埋电力电缆群的缆芯温升，从而应对电缆动态增容的需求。

第一节　地埋电力电缆群稳态温度场特性

地埋电力电缆线路有多种敷设方式，例如直埋、排管、沟槽、隧道等，其中直埋和排管是应用最为广泛的地埋电力电缆敷设方式。地埋电力电缆线路长度往往在千米级以上，相对于电缆热扩散截面来说，可以近似为无限大。因此，在分析地埋电力电缆缆芯温升时，可以将地埋电力电缆线路简化为二维温度场进行分析。

一、直埋电力电缆群稳态温度场

二维直埋电力电缆群温度场是一个半无限大场域，在分析直埋电力电缆群温度场时，需要将无限大场简化为闭域场，然后对闭域场进行分析，得到所需要的计算结果。

众所周知，距离地面以下 20 余米深处，温度不随地表的温度而变化，且温度通常为当地全年平均气温值。因此，在计算直埋电力电缆群温度场时，可以将地表以下 20m 作为一个边界条件，其边界设定为第一类边界条件，即恒温边界。直埋电力电缆群两侧通常为无限远，但距离足够远时，温度不再受电缆发热的影响，通常可定义电缆群两侧、距离中心 20m 处的法向热流梯度为 0，此为第二类边界条件。在计算中，通常将地表设置为第三类边界条件，以对流换热的方式将热量散发到空气中。利用这三类边界条件，可以将无限大场域转化为闭域场。以直埋两根单芯电缆为例，二维地埋电力电缆群闭域温度场如图

3-1 所示。

对一个温度场域进行分析时，需要明确场域内的热源、场域内的传热媒介特性、边界条件和初始条件。边界条件如上所述，在分析地埋电力电缆稳态温度场特性时，场域内发热等于散热，整个场域进入一个发热和散热的平衡状态，不需要考虑初始条件。

单芯交联聚乙烯（XLPE）电力电缆的结构如图 3-2 所示，包含缆芯导体、绝缘层（包含了导体屏蔽层和绝缘屏蔽层）、金属套、外护层等几个部分，有的电缆还有阻水层、铠装层等结构。缆芯导体可为铜或铝，绝缘层为 XLPE，金属套可为皱纹铝、疏绕铜丝、铅等，外护层通常采用 PE 或 PVC。

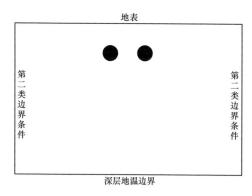

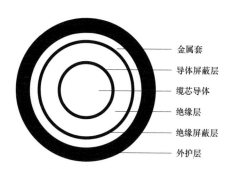

图 3-1　直埋电力电缆线路温度场示意图　　　图 3-2　单芯 XLPE 电力电缆结构

对于直埋电力电缆群温度场，需要对整个场域内的发热和散热进行全面分析，根据场域内各媒介的发热和散热，结合边界条件，可以求得整个场域的温度场分布。

当电缆通负荷时，存在一定的电压和电流，电力电缆中存在多种损耗。缆芯和金属套间施加交流电压时，绝缘层中的对偶极子在交变电压下，周期性偏转，将在绝缘层产生介质损耗。电缆缆芯通电流后会在缆芯产生焦耳损耗，当电流为交流信号时，缆芯在交变电流的作用下，还存在集肤效应和邻近效应，在计算缆芯损耗时，还应考虑集肤效应系数和邻近效应系数。当缆芯通以交变电流时，将产生交变电磁场，在金属套产生感应电流，产生涡流损耗，当金属套两端接地时，会在金属套产生感应电势，产生环流损耗。同样，交变电磁场将在铠装层产生涡流损耗。

根据传热学理论，电缆通流发热后，温度将升高，与环境产生温差，热量将向外扩散。当扩散的热量和发热量相等时，整个场域进入平衡状态，缆芯温度不再升高。热量向外扩散的能力与整个场域内各媒介的导热系数和环境条件相关。

场域内的传热媒介包含了电缆本体和外部土壤。典型的单芯交联聚乙烯电力电缆中，缆芯、金属套、铠装层等为金属，金属套的导热系数较高，例如铜的导热系数为401W/(m·℃)，铝的导热系数为237W/(m·℃)，铅的导热系数为34.8W/(m·℃)。金属屏蔽层、绝缘层、绝缘屏蔽层、外护层的导热系数较低，例如XLPE的导热系数为0.29W/(m·℃)，外护层PE的导热系数为0.17W/(m·℃)。环境土壤的导热系数往往在1W/(m·℃)左右。可以看出，电缆中金属部分的导热系数远高于绝缘层、外护套以及外部土壤的导热系数。因此，在计算缆芯温升时，可以忽略金属部分的热阻。

以单根单芯电缆直埋敷设为例，土壤导热系数为1W/(m·℃)，埋深为0.7m，地表空气温度为30℃，深层地温为15℃，电缆型号为YJV-120mm²(10kV)，具体结构参数如表3-1所示。

表3-1 　　　　　　　　　　　　电缆结构参数　　　　　　　　　　　（mm）

结构参数	缆芯直径	绝缘层厚度	金属套厚度	外护套厚度
数值	12.9	4.5	0.15	0.19

当损耗42.98W/m时，利用有限元可以计算出温度场分布如图3-3所示。

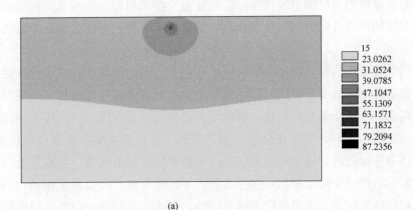

(a)

图3-3　单根直埋电缆温度场分布图（一）

(a) 整个断面温度场分布图

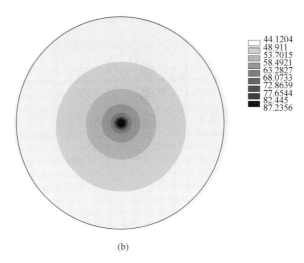

44.1204
48.911
53.7015
58.4921
63.2827
68.0733
72.8639
77.6544
82.445
87.2356

(b)

图 3-3　单根直埋电缆温度场分布图（二）

（b）电缆本体温度场分布图

二、排管电力电缆群稳态温度场

实际排管线路有多种方式，应用广泛的有两种：①PVC 排管、外回填沙土和土壤，如图 3-4（a）所示；②水泥排管、外回填土壤，如图 3-4（b）所示。排管敷设电力电缆群也是一个无限大温度场，与直埋电力电缆群温度场一样，利用同样的三类边界条件，转变为闭域温度场，如图 3-5 所示。

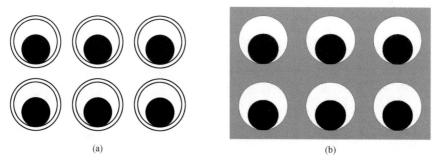

(a)　　　　　　　　　　(b)

图 3-4　排管类型

（a）PVC 排管；（b）水泥排管

与直埋电力电缆群相比，排管电力电缆群温度场域发热因素和传热媒介大致相同，但在排管区域增加了几种媒介：在电缆本体和外部排管间存在一个封

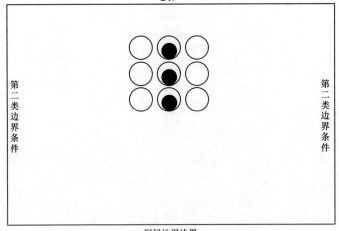

图 3-5　排管电力电缆群温度场模型图

闭的空气层，排管本体以及外部水泥管道。

　　电缆本体和外部排管间空气层是流体散热，而场域内其他区域均为固体传热。在传热过程中，该部分空气层以传导、对流和辐射方式将热量从电缆本体传递到外部管道和土壤中，其中又以自然对流为主要传热方式。

　　以图 3-5 所示排管敷设为例，内部排管为 3 行 3 列，管内径为 0.12m，管外径为 0.14m，管水平和垂直间距均为 0.2m，中心排管距离地面 1m。管内电缆为单芯电缆，型号为 YJV-800mm²（110kV）。当电缆通 860A 电流时，利用有限元计算的温度场图如图 3-6 所示。

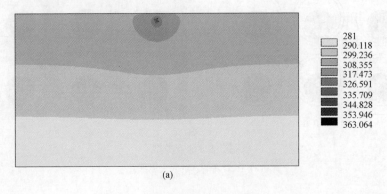

	281
	290.118
	299.236
	308.355
	317.473
	326.591
	335.709
	344.828
	353.946
	363.064

(a)

图 3-6　排管电缆温度场分布图（一）

（a）整个断面温度场分布图

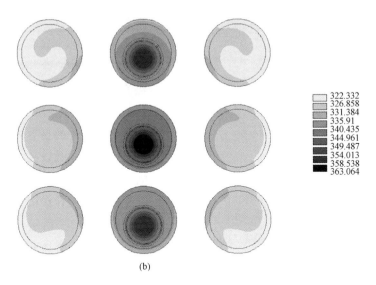

<table>
<tr><td>322.332</td></tr>
<tr><td>326.858</td></tr>
<tr><td>331.384</td></tr>
<tr><td>335.91</td></tr>
<tr><td>340.435</td></tr>
<tr><td>344.961</td></tr>
<tr><td>349.487</td></tr>
<tr><td>354.013</td></tr>
<tr><td>358.538</td></tr>
<tr><td>363.064</td></tr>
</table>

(b)

图 3-6　排管电缆温度场分布图（二）

（b）排管区域温度场分布图

如果以数值方式进行排管电缆群温度场计算，必须考虑固体传热和流体传热的耦合分析，将是一个时间较长的过程。

第二节　地埋电缆群稳态热路模型

温度场和电场高度相似，如表 3-2 所示。利用热流代表电流、温差代表电压、热阻代表电阻，热容代表电容，可以采用与电路相似的集总参数热路模型来分析地埋电力电缆群的温度场，分析其特性，并计算直埋电力电缆群的缆芯温升，从而指导直埋电力电缆群的负荷管理。

表 3-2　　　　　　　　　　　热场和电场对应参量

电场	电流	电压	电阻	电容
热场	热流	温差	热阻	热容

一、单根直埋电缆集总参数模型

根据 IEC 60287 阐述的直埋电力电缆载流量计算原理，只考虑地表空气作

为环境温度，则以环境温度为参考点，相当于电路的接地点。以图 3-2 所示的

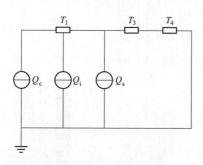

单芯电缆为例，电缆内的缆芯导体、绝缘层和金属套三部分媒介会发热，分别用一个与电流源相似的热流源代替。各部分媒介均参与传热，可以用与电阻相似的热阻代替。与电路中的良导体一样，金属部分的导热系数较高，热阻可以忽略。同时绝缘层介质损耗均匀分布在绝缘媒介上，单根直埋电缆的稳态热路如图 3-7 所示，各部分热流分别经过电缆本体和环境土壤扩散到周围，进入一个热平衡状态。

图 3-7　直埋电缆稳态集总
参数热路模型

Q_c—缆芯损耗，W/m；Q_i—绝缘层损耗，W/m；
Q_s—金属套损耗，W/m；T_1—绝缘层热阻，℃·m/W；
T_3—外护套热阻，℃·m/W；T_4—土壤热阻，℃·m/W

　　此外，电缆可能是单芯电缆，也可能是三芯电缆。图 3-8 给出了直埋三芯电力电缆的稳态集总参数热路模型。

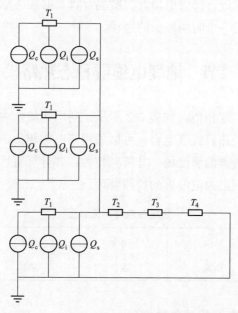

图 3-8　直埋三芯电缆集总参数热路模型

T_2—内衬和绑扎层热阻，℃·m/W

56

二、单根排管电缆集总参数模型

从温度场分析可知，排管电缆比直埋电缆多了几部分传热媒介。在稳态温度场中，管内空气、排管和外部土壤这几部分传热媒介分别用 T_{41}、T_{42} 和 T_{43} 代表，则排管敷设时，单芯电力电缆稳态集总参数热路模型如图 3-9 所示。同理可给出排管三芯电缆的稳态集总参数热路模型，如图 3-10 所示。

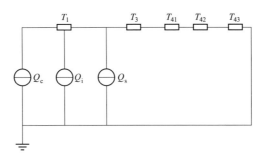

图 3-9　排管电力电缆稳态集总参数热路模型

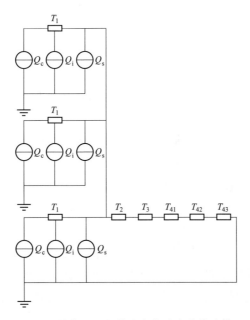

图 3-10　排管三芯电缆稳态集总参数热路模型

三、地埋电缆群互热集总参数模型

图 3-7 和图 3-9 分别给出了直埋和排管单根单芯电缆的集总参数热路模型，而实际敷设工况中，直埋和排管都是多根电缆密集敷设，且电缆间的距离很小，电缆间必然存在较强的热相互作用，在分析直埋或排管电力电缆群温度场时，需要考虑电缆间的互热影响。众所周知，温度场具有可叠加性，即场域内任一点的温度是场域内所有热源单独作用在该点的温度之和。

对于地埋电力电缆群中任一电缆，除了在自身产生温升以外，同时在相邻电缆缆芯产生温升。地埋电力电缆群缆芯温升的计算可以离散为多根电缆单独作用的组合，任意电缆的缆芯温升将是场域内所有电缆在该电缆缆芯的温升之和。任意相邻两根电缆间的互热温升可用图 3-11 表示。将外部环境土壤分为两部分，分界线为相邻电缆的缆芯所在等温线。ΔT 表示在发热电缆在相邻电缆缆芯的温升。

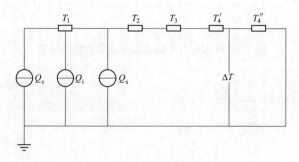

图 3-11 相邻电缆互热温升热路

第三节 转 移 矩 阵

一、热阻转移矩阵

1. 自热阻

在 XLPE 电缆中，介质损耗均匀分布在整个绝缘层，在计算绝缘层温差时需要采用积分的方法。同时，缆芯损耗、介质损耗、金属套损耗分布在不同的介质，也使得计算公式复杂化。为了简化计算，根据温度场的唯一性，可将损耗和热阻进行归算。

在归算时，遵循如下假设：（1）环境温度不变；（2）总的损耗不变；

（3）归算前后缆芯温度不变。

归算后，三种损耗均归算到缆芯，即 $Q_1 = Q_c + Q_i + Q_s$。同时将三个热阻用一个等效热阻代替。归算后的单根直埋电缆稳态集总参数热路模型如图 3-12 所示。

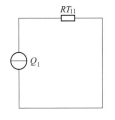

图中的 RT_{11} 是一个数值固定的等效热阻，称为自热阻。由此，可以写出缆芯温升的计算关系式，即

图 3-12　单根直埋电缆稳态集总参数热路模型

$$T_1 = RT_{11} \cdot Q_1 \qquad (3-1)$$

当电缆型号和敷设工况确定后，地埋电缆的传热媒介不再变化，因此描述其传热特性的热阻也不再发生变化。

【例 3-1】　电缆型号为 10kV YJV-120mm²，单根电缆直埋于地表以下 0.7m，地表空气温度为 30℃，深层地温为 15℃，当损耗为 0 时，电缆缆芯的温度为 28.9472℃。

表 3-3 给出了加不同损耗时的电缆缆芯温度和热阻。可以看出直埋电缆的自热阻仅在万分位上有较小的误差。即使电缆损耗为 100W，该误差带来的温度的误差仅为 0.05℃，在工程中完全可以忽略。

表 3-3　　　　　　　　单根直埋电缆自热阻与损耗的关系

损耗（W/m）	20	30	40	50
缆芯温度（℃）	56.0605	69.6267	83.1929	96.7591
自热阻（℃/W）	1.3557	1.356	1.3561	1.3562

表 3-4 给出了在电缆损耗恒定的情况下，改变地表空气温度，探究地表空气温度对自热阻的影响规律。取损耗为 40W/m，则可以看出热阻也仅在万分位上有变化，即使电缆损耗达到 100W，该误差也仅为 0.07℃，在工程中可以忽略。

表 3-4　　　　　　　　电缆自热阻与地表空气温度的关系

地表空气温度（℃）	20	30	40
电缆初温（℃）	19.6491	28.9472	38.2454
缆芯温度（℃）	73.9075	83.1929	92.4783
自热阻（℃/W）	1.3565	1.3561	1.3558

在敷设工况固定以后，电缆的自热阻与电缆的发热以及地表的空气温度均无关，只与电缆本体和周围环境土壤的导热系数相关，因此自热阻可以看作一

个固定的数值。

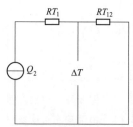

图 3-13 相邻电缆稳态互
热集总参数热路模型

2. 互热阻

地埋电缆中，往往多根电缆密集敷设于一个断面（见图 3-1）。两根电缆敷设于一个断面，计算任意一根电缆的缆芯温升时，还需要考虑另一根电缆在该电缆缆芯的温升，即互热温升。两根电缆分别命名为电缆 1 和电缆 2，计算两根电缆间互热温升的集总参数热路模型如图 3-13 所示。其中 Q_2 为电缆 2 的发热。电缆 2 单独作用时，将热阻分为两个部分，以经过电缆 1 缆芯的等温线分界，RT_{12} 称为电缆 1 和电缆 2 间的互热阻。热流在 RT_{12} 上产生的温差即为电缆 2 热量单独作用在电缆 1 缆芯的温升。其计算关系式为

$$\Delta T = RT_{12} \cdot Q_2 \tag{3-2}$$

根据温度场的可叠加性，电缆 1 缆芯温升为两根电缆单独作用在缆芯 1 的温升之和，可表示为

$$T_1 = RT_{11} \cdot Q_1 + RT_{12} \cdot Q_2 \tag{3-3}$$

由此可得计算缆芯温升的节点电压方程，即

$$\begin{cases} T_1 = RT_{11} \cdot Q_1 + RT_{12} \cdot Q_2 \\ T_2 = RT_{21} \cdot Q_1 + RT_{22} \cdot Q_2 \end{cases} \tag{3-4}$$

其矩阵形式为

$$\begin{bmatrix} T_1 \\ T_2 \end{bmatrix} = \begin{bmatrix} RT_{11} & RT_{12} \\ RT_{21} & RT_{22} \end{bmatrix} \cdot \begin{bmatrix} Q_1 \\ Q_2 \end{bmatrix} \tag{3-5}$$

以例 3-1 中的工况为例，增加一根电缆，两者型号相同，电缆间距为 0.2m，地表空气温度为 30℃，当其中一根电缆有损耗 40W/m 时，另一根电缆缆芯的温度为 43.8731℃，可计算得到互热阻为 0.3731℃/W。

当一根电缆损耗为 30W/m，另一根电缆损耗为 40W/m，地表空气温度为 30℃时，自热阻取平均值，可以计算出两根电缆的缆芯温度，如表 3-5 所示。

表 3-5   电缆群温度计算结果对比   （℃）

矩阵计算结果	84.5512	94.3802
有限元计算结果	84.5696	94.399
误差	−0.0184	−0.0188

可以看出，利用热阻矩阵计算的结果与有限计算结果误差很小，证明可以利用热阻矩阵计算地埋电缆群的缆芯稳态温升。

如果场域内有 n 根电缆，则其计算缆芯温升的热阻矩阵形式为

$$\begin{bmatrix} T_1 \\ \vdots \\ T_n \end{bmatrix} = \begin{bmatrix} RT_{11} & \cdots & RT_{1n} \\ \vdots & \ddots & \vdots \\ RT_{n1} & \cdots & RT_{nn} \end{bmatrix} \begin{bmatrix} Q_1 \\ \vdots \\ Q_n \end{bmatrix} \tag{3-6}$$

二、热导转移矩阵

图 3-12 所示的单根电缆模型的热阻也可以用热导来表示，即 $g_1 = 1/RT_{11}$，关系式变换为

$$g_1 T_1 = Q_1 \tag{3-7}$$

同理，在稳态情况下，两根电缆的集总参数热路模型可以用热导模型表示，如图 3-14 所示。

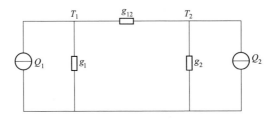

图 3-14　单一环温下两根电缆集总参数热路模型

g_1——电缆 1 单独作用时归算后的自热导；g_2——电缆 2 单独作用时归算后的自热导；

g_{12}——电缆 1 和电缆 2 间的互热导；T_1——电缆 1 的缆芯温升，℃；T_2——电缆 2 的缆芯温升，℃

根据节点电流法，可以列写出两个缆芯温升节点的热流方程，即

$$\begin{cases} Q_1 = g_1 T_1 + g_{12}(T_1 - T_2) \\ Q_2 = g_2 T_2 + g_{12}(T_2 - T_1) \end{cases} \tag{3-8}$$

式（3-8）可改写为

$$\begin{bmatrix} g_1 + g_{12} & -g_{12} \\ -g_{12} & g_2 + g_{12} \end{bmatrix} \begin{bmatrix} T_1 \\ T_2 \end{bmatrix} = \begin{bmatrix} Q_1 \\ Q_2 \end{bmatrix} \tag{3-9}$$

假设有 n 根电缆，则该电缆群缆芯温升计算关系式可表示为

$$\begin{bmatrix} a_{11} & \cdots & a_{1n} \\ \vdots & \ddots & \vdots \\ a_{1n} & \cdots & a_{nn} \end{bmatrix} \begin{bmatrix} T_1 \\ \vdots \\ T_n \end{bmatrix} = \begin{bmatrix} Q_1 \\ \vdots \\ Q_n \end{bmatrix} \tag{3-10}$$

式中 Q——电缆群的损耗矩阵，$Q_1 \sim Q_n$ 表示每根电缆的总损耗，W/m；

  T——电缆群缆芯温升矩阵，$T_1 \sim T_n$ 表示每根电缆缆芯的温升，℃或 K；

  a——电缆群热阻矩阵，该矩阵也可称为转移矩阵，a_{nn} 为每根电缆的自
  热热阻，a_{mn} 为两根电缆间的互热热阻。

三、环温影响分析

根据图 3-1 和图 3-4 模型，可知地埋电缆的环温包括地表空气温度和深层地温。以 IEC 标准为主的解析计算法给定的往往指地表空气温度，而没有考虑深层地温。因此，热路模型中的环温也就有两种。如果仅考虑地表空气温度，则上述矩阵方程获得的温升，与地表空气温度相加，即可得到缆芯的实际温度。

如果考虑深层地温，则地埋电缆缆芯的初温（负荷为 0 时对应的温度）由两个温度共同作用。下面以实例的形式给出同时考虑深层地温和地表环境温度时电缆初始温度的计算。

【例 3-2】 电缆敷设情况如图 3-15 所示，电缆中心位于地表以下 1m，土

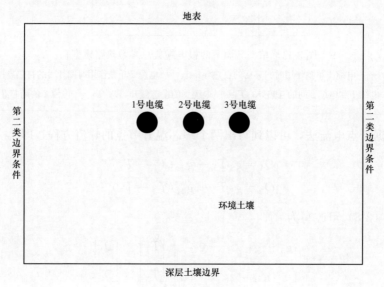

图 3-15 计算实例

壤区域导热系数为 1.0W/(℃·m)。电缆周围为回填沙土，导热系数为 0.5W/(℃·m)。3 根电缆为三芯电缆，型号为 10kV YJV-400mm^2，结构如图 3-16 所示，电缆各层结构参数如表 3-6 所示。

表 3-6　　　　　　　　　　　电缆结构参数　　　　　　　　　　　（mm）

结构名称	缆芯直径	导体屏蔽层厚度	绝缘层厚度	绝缘屏蔽层厚度	金属套厚度	外护层厚度
材料	铜	半导电体	交联聚乙烯	半导电体	铜丝	PVC
尺寸	23.5	0.7	4.5	0.8	0.15	3.4

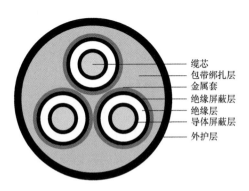

图 3-16　电缆结构参数

根据调研，上海地区深层地温基本不变，为上海年平均气温，取 15℃。地表空气温度随机。图 3-15 中，深层地温为第一类边界条件，地表为第 3 类边界条件，取对流换热系数为 12.5W/(m²·℃)，两侧远处为第二类边界条件，法向热流为 0。经过多次计算，两侧与深层边界均取 20m 时，缆芯温度基本不再变换，因此取距电缆中心 20m 为两侧与深层边界。辐射热量直接加在沥青路面，作为沥青路面的热源，辐射热量随机。

当 3 根电缆均没有负荷电流时，利用有限元可以计算出不同地表空气温度下的缆芯温度值，结果如表 3-7 所示。

表 3-7　　　　　　　地表空气温度对电缆缆芯温升影响　　　　　　　（℃）

空气温度	20	25	30	35	40
缆芯温度	19.5	24	28.5	32.9	37.5
温升	4.5	9	13.5	17.9	22.5

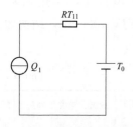

图 3-17 单根直埋电缆稳态集总参数热路模型

如果以空气温度 T_a 与深层地温 T_s 的差值为自变量，则缆芯温升可表达为

$$T_0 = 0.9(T_a - T_s) \tag{3-11}$$

可见，如果以深层地温为参考点，则缆芯温升由地表空气温度和深层地温差决定，可以认为在热路中增加了一个电压源。自热热路模型图可转换为图 3-17。

对于热阻系数矩阵，考虑两个环温差后，需要在系数矩阵中增加一项，即

$$\begin{bmatrix} T_1 \\ \vdots \\ T_n \end{bmatrix} = \begin{bmatrix} RT_{11} & \cdots & RT_{1n} \\ \vdots & \ddots & \vdots \\ RT_{n1} & \cdots & RT_{nn} \end{bmatrix} \begin{bmatrix} Q_1 \\ \vdots \\ Q_n \end{bmatrix} + \begin{bmatrix} \alpha_1 \\ \vdots \\ \alpha_n \end{bmatrix} (T_a - T_s) \tag{3-12}$$

式中：α_1，…，α_n 为 1~n 号电缆的初温系数，与电缆的埋深有关，而互热与温差无关，计算方法不变。

同理，对于热导转移矩阵，两根电缆的稳态集总参数热路模型变为图 3-18 所示模型。

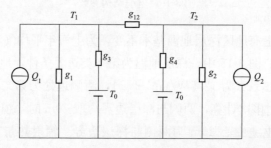

图 3-18 考虑深层地温时两根电缆稳态集总参数热路模型

与单一环温相比，图 3-18 模型中每根电缆均多了一个支路，该支路可以表示为一个热流，可表示为

$$\begin{cases} g_3(T_1 - T_0) \\ g_4(T_2 - T_0) \end{cases} \tag{3-13}$$

将式（3-13）引入式（3-9），则可以得到同时考虑深层地温和地表环境温度时两根电缆集总参数模型的计算关系式，即

$$\begin{bmatrix} g_1+g_3+g_{12} & -g_{12} & -g_3 \\ -g_{12} & g_2+g_4+g_{12} & -g_4 \end{bmatrix}\begin{bmatrix} T_1 \\ T_2 \\ T_0 \end{bmatrix}=\begin{bmatrix} Q_1 \\ Q_2 \end{bmatrix} \tag{3-14}$$

同理，同时考虑深层地温和地表环境温度时，式（3-10）可以变化为

$$\begin{bmatrix} a_{11} & \cdots & a_{1n} & a_{10} \\ \vdots & \ddots & \vdots & \vdots \\ a_{1n} & \cdots & a_{nn} & a_{n0} \end{bmatrix}\begin{bmatrix} T_1 \\ \vdots \\ T_n \\ T_0 \end{bmatrix}=\begin{bmatrix} Q_1 \\ \vdots \\ Q_n \end{bmatrix} \tag{3-15}$$

第四节　转移矩阵求解方法

利用集总参数模型可以给出两种模型，一种为利用热阻构成的热路模型，需要求解热阻系数矩阵；另一种为利用热导构成的热路模型，需要求解热导系数矩阵。两种矩阵的构成原理不同，求解方法也有差异。

一、热阻转移矩阵

根据热场的唯一性和可叠加性，可以将某一电缆的缆芯温升分解为自热和互热温升各自单独计算，然后求和获得实际的缆芯温升。在敷设环境确定后，热阻转移矩阵中的各项系数与环境温度、电缆电流等运行条件无关，因此可以一次计算完成，获得热阻转移矩阵后，不需要再次求解。热阻转移矩阵求解方法如图3-19所示。

在热阻转移矩阵计算时，如果有相同型号的电缆，且埋深相同，间距相同，则可以只计算一次；只要埋深或互热间距不同，则必须单独计算。

以例3-2所示为例，由于三根电缆型号相同，埋深相同，间距相同，可以只计算一次即可获得热阻转移矩阵。依次给电缆1加固定损耗30W，电缆2和电缆3损耗为0，利用有限元计

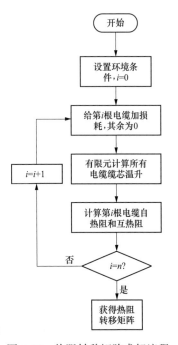

图 3-19　热阻转移矩阵求解流程

算电缆的温度，当深层地温为 15℃和空气温度为 30℃时，电缆缆芯温度如表3-8 所示。

表 3-8 中的温升减去了空气温度造成的缆芯温升 28.5℃。由表 3-7 数据可以计算出电缆的自热阻为

$$RT_{self} = 34.7/30 \approx 1.1567$$

表 3-8   形成热阻矩阵的计算数据

损耗（W）	30	0	0
缆芯温度（℃）	63.2	45.2	39.3
温升（℃）	34.7	16.7	10.8

相邻两根电缆间的互热阻为

$$RT_{mutual1} = 16.7/30 \approx 0.5567$$

2 倍间距的两根电缆间的互热阻为

$$RT_{mutual2} = 10.8/30 \approx 0.36$$

由此，可以构造出热阻系数矩阵，即

$$a = \begin{bmatrix} 1.1567 & 0.5567 & 0.36 \\ 0.5567 & 1.1567 & 0.5567 \\ 0.36 & 0.5567 & 1.1567 \end{bmatrix}$$

如果三根电缆中均产生 24W 的总热量，则利用有限元和转移矩阵计算的结果如表 3-9 所示。

表 3-9   有限元与热转移矩阵计算结果对比   （℃）

有限元	78.3	82.3	78.3
热转移矩阵	78.4	83	78.4
误差	0.1	0.7	0.1

由此可见，上述转移矩阵可以用于地埋电缆缆芯温升的计算，与有限元误差在 1℃以内。

二、热导转移矩阵

1. 求解方法

与热阻转移矩阵相同，热导转移矩阵的确定并不依赖于电缆本身发热量，只与电缆本体及周围介质等热特性参数相关，而这些参数在正常运行温度范围

内可认为基本不变。因此，利用技术手段得到转移矩阵后，在已知各回电缆电流的情况下，无需重复有限元或其他数值计算，直接通过式（3-15）与简单的迭代计算，即可获得待解工况下的各电缆温升结果。

对比热阻热路模型和热导热路模型，热阻计算方程和热导计算方程，可以看出两者之间存在一定的差别：

（1）在热阻热路模型中，互热温升的确定是根据电缆热流在相邻电缆缆芯至环境的热阻决定的，而热导是由两根电缆间的互热导决定的。

（2）热阻转移矩阵中，每一项只有自热阻或互热阻，而热导转移矩阵对角线元素是自热导和互热导之和。

（3）由于每根电缆缆芯至环境的热阻不同，两根电缆间的互热阻也基本不对称；两根电缆间的传热媒介完全相同，其互热导满足对称性。

基于几点不同，很难用求热阻转移矩阵的方法求热导转移矩阵。根据给定敷设电缆群转移矩阵的唯一性，可以首先利用有限元等已知的方法计算出多组结果（数目要大于方程组的个数，避免计算中数据间不满足正交性，从而带来计算的误差）。这就得到了已知的损耗矩阵和温升矩阵，然后利用矩阵计算就可以得到转移矩阵。

设有 m 根电缆回路，取 $n>m$，则计算转移矩阵的过程如图 3-20 所示。

有限元计算需要考虑所选计算工况的正交性与计算工况的数量，这取决于同截面电缆的回路数量。以下以六根直埋土壤电缆群，两种边界条件的组合为例进行实际应用的说明。

2. 直埋电缆群算例

【例 3-3】 如图 3-21 所示，六根电缆分两层排列，流过每根电缆的载流量任意。

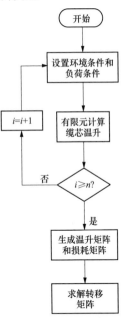

图 3-20 转移矩阵
求解流程

其中，第三类边界条件：边界 1 对应的对流散热系数为 15W/（m·K），温度为随机；第一类边界条件：边界 2、3、4 均设为温度 30℃。由于单芯电缆是一个轴对称结构，各个方向热阻相同。考虑到高压电力电缆往往包含多层结构，采用调和平均法进行简化，将多层电缆中导体外各层结构等效为一层等效外护层，本例中调和导热系数设为 23.3W/（m·K），土壤导热系数为 1.0W/（m·K）。

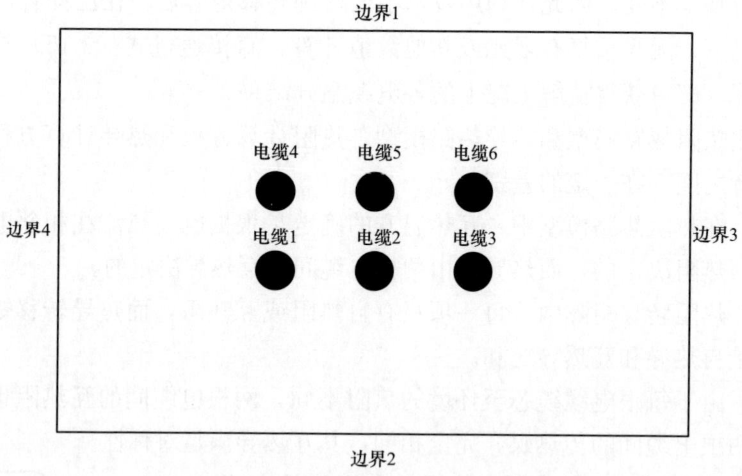

图 3-21　土壤直埋电缆群布置结构图

重复若干次计算，即可获得在给定发热量条件下每根电缆的温升，表 3-10 和表 3-11 为结果汇总。

表 3-10　　　　　　　　　　　　实例 1 热损　　　　　　　　　　　（W/m）

工况	热流 1	热流 2	热流 3	热流 4	热流 5	热流 6
1	0.00	82.43	54.35	42.20	48.51	66.56
2	3.93	78.50	36.82	25.14	62.23	45.70
3	7.85	74.58	5.50	27.26	8.83	41.58
4	11.78	70.65	49.59	11.85	60.61	43.54
5	15.70	66.73	63.13	65.66	9.28	59.58
6	19.63	62.80	46.38	4.97	28.87	1.73
7	23.55	58.88	66.17	24.97	48.21	60.85
8	27.48	54.95	7.59	45.48	30.11	4.68
9	31.40	51.03	36.55	42.99	2.81	3.85
10	35.33	47.10	56.31	31.31	58.76	67.87
11	39.25	43.18	49.08	39.40	10.92	20.89
12	43.18	39.25	24.52	38.11	55.34	39.47
13	47.10	35.33	70.71	7.59	54.22	54.03
14	51.03	31.40	67.10	1.49	27.44	17.53
15	54.95	27.48	12.93	76.92	57.81	69.17

表 3-11 实例 1 缆芯温升 (℃)

工况	T1	T2	T3	T4	T5	T6	环温差
1	8.25	36.11	30.02	25.89	31.81	40.13	7.76
2	6.38	32.98	21.14	14.03	30.6	26.12	0.07
3	8.13	29.64	11.21	21.2	17.58	29.08	13.9
4	11.66	33.53	28.81	20.9	40.94	38.05	19.79
5	14.84	29.41	32.57	35.72	17.85	38.38	9.55
6	11.58	27.09	23.1	13.07	23.53	16.62	14.27
7	15.72	28.58	33.56	21.39	31.26	38.63	9.06
8	14.88	23.39	10.94	27.3	23.03	17.49	14.15
9	14.93	19.71	17.49	19.3	5.82	8.51	0.45
10	20.42	25.58	31.7	26.45	36.79	43.87	12.65
11	18.36	18.4	22.94	19.51	9.51	15.75	0.24
12	22.17	21.62	20.13	30.05	36.03	35.05	18.14
13	23.44	21.58	35.34	18.62	34.75	38.86	13.86
14	22.43	17.02	30.19	11.87	20.26	20.45	9.52
15	27.59	17.55	17.79	42.46	34.41	43.55	11.84

根据图 3-21 所示实例，场域内有 6 根电缆，同时需要考虑地表空气温度与周围恒定温度之差，反映场域温度场特性的矩阵方程为

$$\begin{bmatrix} a_{11} & a_{12} & a_{13} & a_{14} & a_{15} & a_{16} & a_{10} \\ a_{21} & a_{22} & a_{23} & a_{24} & a_{25} & a_{26} & a_{20} \\ a_{31} & a_{32} & a_{33} & a_{34} & a_{35} & a_{36} & a_{30} \\ a_{41} & a_{42} & a_{43} & a_{44} & a_{45} & a_{46} & a_{40} \\ a_{51} & a_{52} & a_{53} & a_{54} & a_{55} & a_{56} & a_{50} \\ a_{61} & a_{62} & a_{63} & a_{64} & a_{65} & a_{66} & a_{60} \end{bmatrix} \cdot \begin{bmatrix} T_1 \\ T_2 \\ T_3 \\ T_4 \\ T_5 \\ T_6 \\ V_0 \end{bmatrix} = \begin{bmatrix} Q_1 \\ Q_2 \\ Q_3 \\ Q_4 \\ Q_5 \\ Q_6 \end{bmatrix} \tag{3-16}$$

利用表 3-10 中前 8 组数据，可以得到一组损耗矩阵，即

$$Q = \begin{bmatrix} 0.00 & 82.43 & 54.35 & 42.20 & 48.51 & 66.56 \\ 3.93 & 78.50 & 36.82 & 25.14 & 62.23 & 45.70 \\ 7.85 & 74.58 & 5.50 & 27.26 & 8.83 & 41.58 \\ 11.78 & 70.65 & 49.59 & 11.85 & 60.61 & 43.54 \\ 15.70 & 66.73 & 63.13 & 65.66 & 9.28 & 59.58 \\ 19.63 & 62.80 & 46.38 & 4.97 & 28.87 & 1.73 \\ 23.55 & 58.88 & 66.17 & 24.97 & 48.21 & 60.85 \\ 27.48 & 54.95 & 7.59 & 45.48 & 30.11 & 4.68 \end{bmatrix}$$

同理，利用表 3-11 中前 8 组数据，可以得到一组温升矩阵，即

$$T = \begin{bmatrix} 8.25 & 36.11 & 30.02 & 25.89 & 31.81 & 40.13 & 7.76 \\ 6.38 & 32.98 & 21.14 & 14.03 & 30.6 & 26.12 & 0.07 \\ 8.13 & 29.64 & 11.21 & 21.2 & 17.58 & 29.08 & 13.9 \\ 11.66 & 33.53 & 28.81 & 20.9 & 40.94 & 38.05 & 19.79 \\ 14.84 & 29.41 & 32.57 & 35.72 & 17.85 & 38.38 & 9.55 \\ 11.58 & 27.09 & 23.1 & 13.07 & 23.53 & 16.62 & 14.27 \\ 15.72 & 28.58 & 33.56 & 21.39 & 31.26 & 38.63 & 9.06 \\ 14.88 & 23.39 & 10.94 & 27.3 & 23.03 & 17.49 & 14.15 \end{bmatrix}$$

利用损耗矩阵和温升矩阵，由式（3-16）可求解得到本书算例下的转移矩阵 A 如下所示，转移矩阵中的对角元素基本相等。

$$A = \begin{bmatrix} 3.028 & -0.011 & -0.282 & -0.388 & -0.010 & -0.128 & -0.085 \\ -0.011 & 3.028 & -0.282 & -0.009 & -0.388 & -0.128 & -0.086 \\ -0.281 & -0.281 & 3.026 & -0.129 & -0.129 & -0.394 & -0.095 \\ -0.388 & -0.011 & -0.128 & 2.834 & -0.011 & -0.331 & -1.301 \\ -0.010 & -0.388 & -0.128 & -0.012 & 2.834 & -0.331 & -1.300 \\ -0.128 & -0.127 & -0.395 & -0.330 & -0.330 & 2.829 & -1.342 \end{bmatrix}$$

利用所得到的转移矩阵，对表 3-10 和表 3-11 中剩余的 7 组数据进行验证，验证转移矩阵计算的精确性。利用转移矩阵计算得到的 7 组验证工况的缆芯温升如表 3-12 所示。将其与表 3-11 中的温升结果进行对比，可以看出，转移矩阵计算结果与有限元计算结果几乎相同，最高误差仅为 0.02℃。

表 3-12			转移矩阵计算结果			（℃）
工况	T_1	T_2	T_3	T_4	T_5	T_6
1	14.93	19.71	17.50	19.30	5.82	8.51
2	20.41	25.58	31.71	26.46	36.78	43.87
3	18.36	18.41	22.95	19.51	9.51	15.75
4	22.15	21.61	20.14	30.05	36.02	35.05
5	23.43	21.58	35.35	18.62	34.75	38.86
6	22.43	17.03	30.20	11.88	20.27	20.46
7	27.57	17.54	17.81	42.46	34.40	43.55

3. 排管电缆群算例

【例 3-4】 计算对象为排管内的两回 10kV YJV300mm² 三相与两回 220kV YJV630mm² 单相电缆的组合，环境温度为 20℃，排管结构为 4×3 孔洞，如图 3-22 所示，高度为 1.1m，宽度为 1.5m，排管顶部距地面 1.55m，排管热阻系数为 1.2K·m/W，土壤的热阻系数均为 1.0K·m/W。电缆选择为单相电缆，截面及结构参数如图 3-23 和图 3-24 所示，电缆结构参数如表 3-13 和表 3-14 所示。

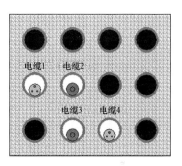

图 3-22 排管结构

表 3-13		10kV YJV300mm² 三芯电缆结构参数				（mm）
结构名称	缆芯直径	导体屏蔽层厚度	绝缘层厚度	绝缘屏蔽层厚度	金属套厚度	外护层厚度
材料	铜	半导电体	交联聚乙烯	半导电体	铜丝	PE
尺寸	22.68	0.8	5.89	1.2	1.35	4

表 3-14		200kV YJV630mm² 单芯电缆结构参数				（mm）
结构名称	缆芯直径	导体屏蔽层厚度	绝缘层厚度	绝缘屏蔽层厚度	金属套厚度	外护层厚度
材料	铜	半导电体	交联聚乙烯	半导电体	皱纹铝	PE
尺寸	31.75	0.91	21.59	1.27	7.34	3.94

（1）转移矩阵的求取。利用 CYMCAP 软件求取随机、不同电流下的稳态

温升，分别在表 3-15 和表 3-16 给出。利用表 3-15 的 8 个工况生成热导转移矩阵，用表 3-16 的 4 个工况数据来测试热导转移矩阵。

表 3-15 计算结果 1

工况序号	电缆	电流 (A)	铜损 (W/m)	绝缘损耗 (W/m)	缆芯 (℃)	总损耗 (W/m)	缆芯温升 (K)
1	1	245	3.75	0	38.3	11.25	18.3
	2	202	1.25	0.43	30.7	1.68	10.7
	3	162	0.8	0.43	30	1.23	10
	4	182	2.07	0	33.4	6.21	13.4
2	1	292	5.33	0	45.6	15.99	25.6
	2	190	1.1	0.43	33.9	1.53	13.9
	3	252	1.94	0.43	34.8	2.37	14.8
	4	213	2.84	0	38.4	8.52	18.4
3	1	269	4.53	0	44.2	13.59	24.2
	2	200	1.22	0.43	35.3	1.65	15.3
	3	187	1.07	0.43	35.6	1.5	15.6
	4	286	5.12	0	46.5	15.36	26.5
4	1	220	3.03	0	39.6	9.09	19.6
	2	252	1.94	0.43	35.6	2.37	15.6
	3	266	2.16	0.43	36.9	2.59	16.9
	4	301	5.67	0	48	17.01	28
5	1	262	4.29	0	41.3	12.87	21.3
	2	192	1.13	0.43	32.2	1.56	12.2
	3	223	1.52	0.43	32.7	1.95	12.7
	4	209	2.73	0	36.9	8.19	16.9
6	1	330	6.81	0	53.4	20.43	33.4
	2	184	1.04	0.43	38.4	1.47	18.4
	3	222	1.51	0.43	39.3	1.94	19.3
	4	293	5.37	0	49.7	16.11	29.7
7	1	315	6.21	0	51.1	18.63	31.1
	2	228	1.59	0.43	38.3	2.02	18.3
	3	371	4.21	0.43	41.7	4.64	21.7
	4	256	4.1	0	45.5	12.3	25.5

工况序号	电缆	电流(A)	铜损(W/m)	绝缘损耗(W/m)	缆芯(℃)	总损耗(W/m)	缆芯温升(K)
8	1	207	2.68	0	37.9	8.04	17.9
	2	205	1.29	0.43	33.9	1.72	13.9
	3	251	1.93	0.43	35.8	2.36	15.8
	4	301	5.67	0	47.4	17.01	27.4

表 3-16 　　　　　　　　计算结果 2

工况序号	电缆	电流(A)	铜损(W/m)	绝缘损耗(W/m)	缆芯(℃)	总损耗(W/m)	缆芯温升(K)
1	1	190	2.26	0	34.7	6.78	14.7
	2	206	1.3	0.43	31.6	1.73	11.6
	3	231	1.63	0.43	32.8	2.06	12.8
	4	260	4.23	0	41.1	12.69	21.1
2	1	214	2.86	0	35	8.58	15
	2	263	2.12	0.43	30.8	2.55	10.8
	3	237	1.72	0.43	30.2	2.15	10.2
	4	157	1.54	0	31.1	4.62	11.1
3	1	275	4.73	0	46.1	14.19	26.1
	2	289	2.55	0.43	38.4	2.98	18.4
	3	277	2.35	0.43	38.7	2.78	18.7
	4	287	5.15	0	47.9	15.45	27.9
4	1	347	7.53	0	54.1	22.59	34.1
	2	331	3.35	0.43	39.6	3.78	19.6
	3	139	0.59	0.43	35.4	1.02	15.4
	4	198	2.45	0	39.1	7.35	19.1

将两表数据分别整理成损耗矩阵和温升矩阵，即

$$\boldsymbol{Q}_1^T = \begin{bmatrix} 11.25 & 1.68 & 1.23 & 6.21 \\ 15.99 & 1.53 & 2.37 & 8.52 \\ 13.59 & 1.65 & 1.5 & 15.36 \\ 9.09 & 2.37 & 2.59 & 17.01 \\ 12.87 & 1.56 & 1.95 & 8.19 \\ 20.43 & 1.47 & 1.94 & 16.11 \\ 18.63 & 2.02 & 4.64 & 12.3 \\ 8.04 & 1.72 & 2.36 & 17.01 \end{bmatrix}$$

$$\boldsymbol{Q}_2^T = \begin{bmatrix} 6.78 & 1.78 & 2.06 & 12.69 \\ 8.58 & 2.55 & 2.15 & 4.62 \\ 14.19 & 2.98 & 2.78 & 15.45 \\ 22.59 & 3.78 & 1.02 & 7.35 \end{bmatrix}$$

$$\boldsymbol{T}_{c2}^T = \begin{bmatrix} 14.7 & 11.6 & 12.8 & 21.1 \\ 15 & 10.8 & 10.2 & 11.1 \\ 26.1 & 18.4 & 18.7 & 27.9 \\ 34.1 & 19.6 & 15.4 & 19.1 \end{bmatrix}$$

$$\boldsymbol{T}_{c1}^T = \begin{bmatrix} 18.3 & 10.7 & 10 & 13.4 \\ 25.6 & 13.9 & 14.8 & 18.4 \\ 24.2 & 15.3 & 15.6 & 26.5 \\ 19.6 & 15.6 & 16.9 & 28 \\ 21.3 & 12.2 & 12.7 & 16.9 \\ 33.4 & 18.4 & 19.3 & 29.7 \\ 31.1 & 18.3 & 21.7 & 25.5 \\ 17.9 & 13.9 & 15.8 & 27.4 \end{bmatrix}$$

用多于电缆数的元素通过矩阵运算得到热导转移矩阵，这里采用有 8 种工况的损耗和温升矩阵计算热导转移矩阵为

$$\boldsymbol{A} = \begin{bmatrix} 0.8952 & -0.1957 & -0.1346 & -0.1125 \\ -0.1737 & 0.6872 & -0.0972 & -0.1174 \\ -0.1239 & -0.0893 & 0.6817 & -0.1814 \\ -0.1125 & -0.1370 & -0.1778 & 0.8671 \end{bmatrix}$$

验证结果如表 3-17 和表 3-18 所示。

74

表 3-17   利用转移矩阵计算缆芯温升结果

算例	电缆 1	电缆 2	电缆 3	电缆 4
1	14.7	11.6	12.8	21.0
2	14.9	10.8	10.2	11.1
3	26.2	18.4	18.7	27.9
4	34.2	19.6	15.4	19.2

表 3-18   转移矩阵计算结果与 CYMCAP 计算结果对比

算例	电缆 1	电缆 2	电缆 3	电缆 4
1	0.0	0.0	0.0	−0.1
2	−0.1	0.0	0.0	0.0
3	0.1	0.0	0.0	0.0
4	0.1	0.0	0.0	0.1

考虑互热导的对称性，将热导转移矩阵对称项平均化，得

$$\boldsymbol{A} = \begin{bmatrix} 0.8952 & -0.1847 & -0.1292 & -0.1125 \\ -0.1847 & 0.6872 & -0.0932 & -0.1272 \\ -0.1292 & -0.0932 & 0.6817 & -0.1796 \\ -0.1125 & -0.1272 & -0.1796 & 0.8671 \end{bmatrix}$$

利用平均化后的热导转移矩阵计算验证工况缆芯温升，如表 3-19 和表 3-20 所示。

表 3-19   平均矩阵计算结果   （℃）

算例	电缆 1	电缆 2	电缆 3	电缆 4
1	14.6	12.1	13.0	21.0
2	14.8	11.1	10.4	11.0
3	26.0	19.1	19.0	27.9
4	34.1	20.4	15.8	19.2

表 3-20   误差   （℃）

算例	电缆 1	电缆 2	电缆 3	电缆 4
1	−0.1	0.5	0.2	−0.1
2	−0.2	0.3	0.2	−0.1
3	−0.1	0.7	0.3	0.0
4	0.0	0.8	0.4	0.1

从表 3-18 可以看出，利用原始的热导转移矩阵计算的验证结果误差很小。从表 3-20 可以看出，转移矩阵平均后，所计算的验证结果误差有所放大，最高为 0.8℃，仍可以满足工程要求。

第五节　复合环境地埋电力电缆群

直埋或排管敷设电力电缆群，往往敷设于地表以下 700～1000mm，考虑到水分迁移带来的干燥地带、狭窄的城市地下管廊空间等多种因素，地埋电力电缆群缆芯温升的计算还需考虑各种复合环境的影响。

一、复合环境因素

（1）回填沙土。电缆周围受热会发生水分迁移，IEC 60287 的计算公式也考虑了该因素。由于土壤干燥后，土壤导热系数会下降很多，限制了电缆的载流能力。为了改善地埋电缆的载流能力，往往在 PVC 排管或电缆周围回填一部分细沙土，然后再回填土壤。

（2）附近热源。由于空间的限制，电力电缆线路往往与热力管道共用一个断面。如果两者间距离较近时，热力管道将作用在电缆缆芯，造成缆芯温升的升高。

（3）城市大多数路面为沥青路面。与其他路面相比，沥青路面易于吸收太阳辐射，使得大量的太阳辐射能进入地面，从而给地埋电力电缆群的散热带来不利。

二、复合环境模型

以直埋电力电缆群为例，在计算其缆芯温升时，应综合考虑这三种因素的影响。复合环境下的直埋电力电缆群闭域温度场图如图 3-23 所示。

三、综合复合环境因素的转移矩阵

1. 回填沙土

考虑到前述公式中，对电缆缆芯外部的多层媒介进行了归算和等效，用一个热阻或热导代替。同理，包含回填沙土的工况，也可以同样包含在等效的热阻或热导中，不需要另外单独考虑。

76

2. 热力管道

通常，热力管道在运行过程中要维持管道内流体的温度为一个恒定值，管道外部有保温层。热力管道对电力电缆缆芯温升的影响也可以用对电缆缆芯的初始温度的影响来表示。热力管道与每一根电缆的距离不同，对其缆芯温升的影响也不同。为了阐述热力管道对直埋电力电缆群缆芯温升的影响，这里根据一个具体实例来说明。

【例 3-5】 计算实例的敷设情况如图 3-23 所示，电缆中心位于地表以下 1m，土壤区域导热系数为 $1.0W/(℃·m)$。电缆周围为回填沙土，导热系数为 $2W/(℃·m)$。土壤表面覆盖沥青混凝土，厚度为 0.15m，导热系数为 $0.67W/(℃·m)$。根据调研，上海地区深层地温基本不变，为上海年平均气温，取 15℃。地表空气温度随机。热力管道距电缆中心 2m，距离地面 1.5m，内部管道直径为 300mm，外部绝热层厚度为 40mm。

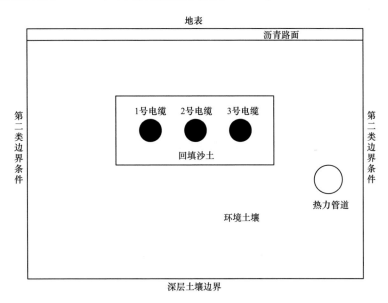

图 3-23 复合环境下直埋电缆群

图 3-23 中深层地温为第一类边界条件，地表为第三类边界条件，取对流换热系数为 $12.5W/(m^2·℃)$，两侧远处为第二类边界条件，法向热流为 0。经过多次计算，两侧与深层边界均取 20m 时，缆芯温度基本不再变换，因此取距电缆中心 20m 为两侧与深层边界。辐射热量直接加在沥青路面，作为沥青路面的热源，辐射热量随机。

热力管道的温度随机变化，取一系列的温度值，深层地温为15℃，空气温度为30℃，3根电缆的缆芯温度如表3-21所示。

表3-21	热力管道对电缆缆芯温度的影响					(℃)
热力管温度	40	50	60	70	80	90
电缆1温度	29.2	29.8	30.5	31.1	31.7	32.3
电缆2温度	29.3	30	30.7	31.4	32.1	32.8
电缆3温度	29.4	30.2	30.9	31.7	32.5	33.3

以热力管道温度与深层地温的差值为自变量，则热力管道造成的电缆缆芯温升可以用线性函数进行拟合，电缆1的拟合曲线如图3-24所示。

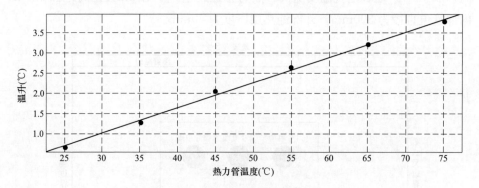

图3-24　缆芯温升受热力管道影响拟合曲线

可以得出拟合的线性表达式为

$$\begin{cases} dT_1 = 0.0623\Delta T_p - 0.8476 \\ dT_2 = 0.07\Delta T_p - 0.95 \\ dT_p = 0.0777\Delta T_p - 1.052 \end{cases}$$

该式可表示为

$$dT_p = \begin{bmatrix} 0.0623 \\ 0.07 \\ 0.0777 \end{bmatrix} \cdot \Delta T_p - \begin{bmatrix} 0.8476 \\ 0.95 \\ 1.052 \end{bmatrix} = b \cdot \Delta T_p - c$$

3. 沥青路面

沥青路面吸收的太阳能可以利用太阳辐射仪测量太阳辐射总量，再测量路面反射能，两者相减得到，也可以在知道太阳辐射总量时，利用吸收率和反射率计算得到。这里分别取一系列常见的辐射吸收热量加在沥青路面层，深层地温为 15℃，空气温度为 30℃，热力管道温度为 80℃，不同辐射热量下的缆芯温升如表 3-22 所示。

表 3-22 太阳辐射对电缆缆芯温升的影响

太阳辐射能量（W/m²）	100	200	300	400	500	600	700
电缆 1 温度（℃）	32.8	33.8	34.9	36	37	38.1	39.2
电缆 2 温度（℃）	33.1	34.2	35.3	36.3	37.4	38.4	39.5
电缆 3 温度（℃）	33.6	34.6	35.7	36.7	37.8	38.8	39.9

在减去空气温度和热力管道造成的温升后，可以看出太阳辐射能对地埋电缆的缆芯温升升高呈线性关系，系数为 0.0107，此系数和太阳辐射能可以加入热阻系数矩阵和损耗矩阵。

无论是附近热源，还是地表太阳辐射，可以在计算转移矩阵不加考虑，忽略这两部分影响。在实际计算中，将式（3-12）或式（3-15）计算的温升加上这两部分温升即可得到实际电缆的缆芯温度。

复杂环境条件工况（见图 3-23），地面为沥青路面，电缆周围有回填沙土，附近有热力管道，直埋三根电缆，电缆型号如图 3-16 所示，取深层地温为 15℃，空气温度为 25℃，三根电缆损耗分别为 15、18、21W，太阳辐射能为 450W/m，热力管道温度为 55℃，则有限元计算结果如图 3-25 所示。图 3-25（a）给出了整个场域的温度场分布，图 3-25（b）给出了热力管道、电缆和回填沙土的温度场分布图。

有限元计算结果与转移矩阵方法结果对比如表 3-23 所示。

表 3-23 有限元与热转移矩阵计算结果对比 （℃）

有限元计算结果	65.5	71.1	70.6
热阻矩阵计算结果	65.4	71.6	70.7
误差	0.1	0.5	0.1

误差表明，利用本书所提出的方法简化了计算过程，所得到的精度与有限元计算结果相比，实例中的最大误差为 0.5℃，满足工程需求。

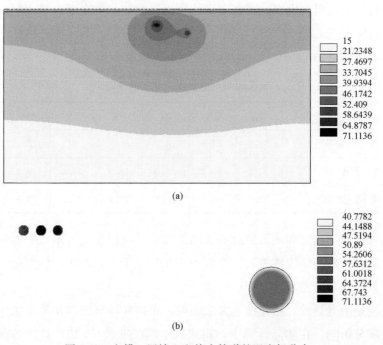

(a)

(b)

图 3-25　电缆、回填土和热力管道的温度场分布
（a）整场温度场分布；（b）热力管道和电缆温度场分布

第六节　热　电　耦　合

由于电缆缆芯均为铜或铝等材料，其电阻与温度相关。因此，在计算缆芯温升时，不能按恒定的损耗来计算，而应采用热电耦合，其计算过程如图 3-26 所示。

例如铜的温度系数为 $0.003\,93\Omega \cdot m/℃$，即温度每升高 1℃，其电阻率升高 $0.003\,93\Omega \cdot m$。以环境温度为 20℃ 为例，交联聚乙烯电力电缆的长期耐受温度为 90℃，即当电缆工作在额定载流量时，铜芯电缆的缆芯电阻将是环温 20℃时电阻的 1.2751 倍，相对应的损耗也将升高至约 1.2751 倍。

例 3-3 中，已经求得热导转移矩阵，获得了热流量矩阵 Q 与温升矩阵 T 之间的关系。利用所得转移矩阵，按照图 3-26 所给出的热电耦合计算流程，可以实现实际场域的热电耦合计算。

具体步骤为：

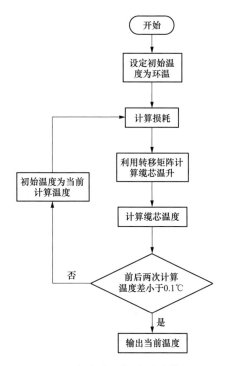

图 3-26　考虑热电耦合时计算流程

（1）假定环境温度 T_0 下的热流量，取 $Q_i = I_i^2 R(1+kT_0) k_1$，其中 I_i 为流过第 i 回电缆的电流，R 为第 i 回电缆在 0℃ 的直流电阻，k 为电阻的温度系数，k_1 为考虑耦合影响、涡流损耗等的折算系数，其余各回电缆均如此。因此可以形成环境温度 T_0 下的热流量矩阵 Q_0。考虑不同散热边界条件后形成"折算 Q_0"。

（2）利用转移矩阵，求解得到温升矩阵 T_1。

（3）如温升矩阵 T_0 与温升矩阵 T_1 对应的各元素间最大差异大于 0.1K，利用 T_1 代替 T_0，形成新的热流量矩阵。其中表述不同散热边界差异的部分不进行折算。

（4）如此重复，直至温升矩阵中对应的各元素间最大差异小于 0.1K，认为计算收敛，此时的温升即为稳态温升。

表 3-24 为迭代求解过程数据，从表中可以看出，经过三次迭代计算后，得到的 T_3 与 T_2 之间的差异已经小于 0.1K，从而计算获得了稳态温升。

表 3-24　　　　　　　　　　　　迭代过程数据

Q_0	折算 Q_0	T_0		Q_1	折算 Q_1	T_1
10	12.55	13.29		10.37	12.92	13.98
20	22.58	17.09	→	20.94	23.52	18.04
30	32.88	23.38	→	31.93	34.81	24.85
40	79.04	36.73		44.04	83.08	38.76
50	89.01	40.75		55.61	94.62	43.37
60	100.24	49.10		68.11	108.34	52.79

Q_3	折算 Q_3	T_3		Q_2	折算 Q_2	T_2
10.39	12.94	14.03		10.38	12.94	14.02
21.00	23.58	18.10		20.99	23.58	18.10
32.06	34.94	24.95	←	32.05	34.93	24.95
44.28	83.32	38.89	←	44.27	83.30	38.89
55.99	95.00	43.55		55.97	94.98	43.54
68.76	109.00	53.07		68.72	108.95	53.05

第七节　误　差　分　析

一、直埋电缆群误差分析

本章前述小节中，利用转移矩阵计算直埋电缆群稳态温升时，与有限元计算结果相比，均存在一定的误差，误差基本可以控制在 1℃ 以内，可以满足工程实际需求。

表 3-3 给出了电缆型号、埋深、土壤导热系数、环境温度等均相同，但电缆缆芯损耗不同时的缆芯温度和自热阻。表 3-4 给出了其他条件均相同，但环境温度不同时的缆芯温度和自热阻。虽然公认有限元具有较高的计算精度，但通过两个表格的数据，均可以看出，利用有限元计算直埋电缆群温度场分布时，计算结果存在一定的不确定性，使得所计算出的自热阻存在一定的偏差，但总体偏差较小。

二、排管电缆群误差分析

例 3-4 中，利用原始转移矩阵计算验证数据，计算结果误差很小，但当将原始矩阵对称元素平均化后，误差明显扩大，下面对转移矩阵对排管电缆的误差进行分析，并提出抑制误差的方法。

与直埋敷设不同，排管敷设电缆断面内在电缆外皮和管内壁间存在一个封闭的空气层，该部分空气在散热过程中存在热传导、热对流和热辐射的耦合传热，需要对这部分空气的散热特性进行分析。

为简化计算，将电缆等效为均匀发热的圆柱体，采用混凝土排管，土壤埋设；散热边界为地表与深层土壤取第一类边界条件，给定同一温度；左右两侧取第二类边界条件，设置热流密度为0；电缆外径0.1m；导体直径为0.08m，导热系数为380W/（K•m）；绝缘层外径为0.1m，导热系数为0.2W/（K•m）；排管直径为0.175m，排管壁与电缆外皮辐射系数均为0.9，排管内空气各参数取理想气体参数；排管区域尺寸为5m×2.5m，排管材料为混凝土，导热系数为1.2W/（K•m）；排管外区域为土壤，尺寸为20m×10m，导热系数为1.0 W/（K•m）。

取土壤环境温度为 10～40℃ 中任一随机数，体积发热率为 1000～6000W/m³ 中任一随机数，利用有限元可以计算出电缆的缆芯温度、电缆外皮温度和排管壁温度。重复以上过程，可得到 40 组计算结果，如表 3-25 所示。

表 3-25　　　　　　　　40 组工况计算结果汇总表

工况	发热量（W/m）	环境温度（℃）	排管壁温度（℃）	外皮温度（℃）	缆芯温度（℃）
1	37.87	18.86	31.21	35.81	38.69
2	34.85	21.03	32.41	36.64	39.29
3	40.76	21.51	34.76	39.59	42.69
4	37.01	26.43	38.48	42.82	45.64
5	49.05	20.42	36.39	42.04	45.77
6	41.35	27.72	41.16	45.9	49.05
7	31.92	35.44	45.78	49.41	51.84
8	53.23	25.06	42.37	48.31	52.35
9	42.39	30.85	44.61	49.37	52.59
10	34.37	35.64	46.79	50.65	53.27
11	66.46	20.49	42.44	49.78	54.82
12	57.26	27.76	46.10	52.28	56.63
13	55.09	28.95	46.79	52.78	56.96
14	46.97	34.53	49.74	54.82	58.39
15	49.96	35.09	51.27	56.61	60.41

83

工况	发热量（W/m）	环境温度（℃）	排管壁温度（℃）	外皮温度（℃）	缆芯温度（℃）
16	104.5	10.67	44.34	55.17	63.06
17	81.69	24.07	50.33	58.71	64.9
18	104.27	18.45	52.14	62.56	70.44
19	107.63	19.37	54.13	64.76	72.91
20	96.54	25.19	56.37	65.88	73.19
21	122.36	12.90	52.38	64.40	73.65
22	129.56	10.36	52.15	64.83	74.61
23	94.01	31.52	61.22	70.23	77.36
24	139.85	12.90	57.97	71.17	81.74
25	127.82	19.54	60.23	72.24	81.91
26	106.10	30.65	64.37	74.29	82.33
27	115.53	28.44	65.37	76.03	84.78
28	110.33	31.15	66.40	76.57	84.93
29	103.18	35.42	67.86	77.25	85.08
30	140.30	16.45	61.66	74.65	85.26
31	128.41	26.13	66.92	78.58	88.30
32	140.10	21.64	65.48	78.13	88.73
33	122.79	33.78	72.75	83.58	92.88
34	143.83	26.97	72.76	85.30	96.18
35	125.20	36.43	76.88	87.74	97.23
36	177.63	11.03	68.27	83.85	97.27
37	157.67	24.33	74.72	88.22	100.16
38	142.46	33.26	78.61	90.68	101.47
39	143.44	32.77	78.50	90.63	101.49
40	147.03	39.40	86.27	98.19	109.33

根据传热学知识，将电缆散热分解为"缆芯—外皮""外皮—排管壁"与"排管壁—环境"，如图 3-27 所示，其中"缆芯—外皮"与"排管壁—环境"间热阻取决于物理参数，与工况无关；"外皮—排管壁"间热阻与对流程度、辐射程度及接触面积有关。从表 3-25 所示工况的数据可以得出各工况对应的各部分热阻值，如表 3-26 所示。

从表 3-26 可见，"电缆外皮—排管壁"间的热阻变化程度较大，变化幅度

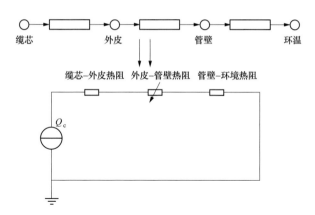

图 3-27 排管电缆散热示意图

大约为平均值±20%，约占总热阻平均值的5%；"缆芯—外皮"与"排管壁—环境"间的热阻基本不变；总热阻有一定变化，变化幅度大约为±5%，基本为"电缆外皮—排管壁"间热阻偏差；如果电缆线芯温升50K，据此可推算温升偏差为2.5K。

表 3-26　　　　　　不同工况各部分热阻计算结果汇总表　　　　　（K·m/W）

工况	电缆—外皮间热阻	外皮—排管壁间热阻	排管壁—环境间热阻	总热阻
1	0.076	0.121	0.326	0.524
2	0.076	0.121	0.327	0.524
3	0.076	0.118	0.325	0.520
4	0.076	0.117	0.326	0.519
5	0.076	0.115	0.326	0.517
6	0.076	0.115	0.325	0.516
7	0.076	0.114	0.324	0.514
8	0.076	0.112	0.325	0.513
9	0.076	0.112	0.325	0.513
10	0.076	0.112	0.324	0.513
11	0.076	0.110	0.330	0.517
12	0.076	0.108	0.320	0.504
13	0.076	0.109	0.324	0.508
14	0.076	0.108	0.324	0.508
15	0.076	0.107	0.324	0.507

工况	电缆—外皮间热阻	外皮—排管壁间热阻	排管壁—环境间热阻	总热阻
16	0.076	0.104	0.322	0.501
17	0.076	0.103	0.321	0.500
18	0.076	0.100	0.323	0.499
19	0.076	0.099	0.323	0.497
20	0.076	0.099	0.323	0.497
21	0.076	0.098	0.323	0.496
22	0.075	0.098	0.323	0.496
23	0.076	0.096	0.316	0.488
24	0.076	0.094	0.322	0.492
25	0.076	0.094	0.318	0.488
26	0.076	0.093	0.318	0.487
27	0.076	0.092	0.320	0.488
28	0.076	0.092	0.319	0.487
29	0.076	0.091	0.314	0.481
30	0.076	0.093	0.322	0.490
31	0.076	0.091	0.318	0.484
32	0.076	0.090	0.313	0.479
33	0.076	0.088	0.317	0.481
34	0.076	0.087	0.318	0.481
35	0.076	0.087	0.323	0.486
36	0.076	0.088	0.322	0.486
37	0.076	0.086	0.320	0.481
38	0.076	0.085	0.318	0.479
39	0.076	0.085	0.319	0.479
40	0.076	0.081	0.319	0.476

对表 3-26 的数据进行统计分析,可以得出表 3-27 结果,电缆本体的热阻几乎不变,标准差为 0.000 158;排管壁与环境间热阻变化也很小,标准差为 0.003 658;但电缆外皮与排管壁间热阻变化较大,标准差为 0.011 515。因此需要对排管内空气层的热阻进行修正,以提高准确率。

表 3-27　　　　　　　不同工况各部分热阻计算结果统计表　　　　（K·m/W）

部位	极小值	极大值	均值	标准差
缆芯与外皮间热阻	0.075	0.076	0.075 97	0.000 158
外皮与排管壁间热阻	0.081	0.121	0.100 33	0.011 515
排管壁与环境间热阻	0.313	0.330	0.321 73	0.003 658
总热阻	0.476	0.524	0.497 90	0.014 714

对热阻的修正可采用线性化处理方法和非线性化处理方法。

热阻的线性处理：选取 40 组数据进行对流热阻（含辐射散热与传导散热）的线性处理，得到对流热阻（含辐射散热与传导散热），为 0.100 33。

热阻的非线性处理：选取 40 组数据进行对流热阻（含辐射散热与传导散热）的非线性处理，提出对流热阻（含辐射散热与传导散热）的拟合公式为

$$t_c = q_1 [k_1 \cdot power(q_1, k_2) \cdot power(t_0, k_3) + k_4 + 0.075\ 97 + 0.321\ 76] + t_0$$
$$(3\text{-}17)$$

式中　t_c——电缆线芯温度，℃；

　　　t_0——环境温度，℃；

　　　q_1——电缆热流，W/m。利用"麦考特法＋通用全局优化法"进行参数估计，可得到上式中各参数的值：$k_1 = -0.385\ 73$，$k_2 = 0.054\ 333$，$k_3 = 0.024\ 46$，$k_4 = 0.631\ 018$。

若为多根电缆，则可参考式（3-17），提出各电缆自身热阻及相互热阻（含对流、传导、辐射散热）的拟合公式为

$$\begin{cases} R_{11} = k_1 \cdot power(q_1, k_2) \cdot power(t_0, k_3) + k_4 \\ R_{12} = k_5 \cdot power(q_2, k_6) \cdot power(t_0, k_7) + k_8 \\ R_{13} = k_9 \cdot power(q_3, k_{10}) \cdot power(q_4, k_{11}) + k_{12} \\ R_{14} = k_{13} \cdot power(q_4, k_{14}) \cdot power(q_5, k_{15}) + k_{16} \\ t_{c1} = q_1 \cdot R_{11} + q_2 \cdot R_{12} + q_3 \cdot R_{13} + q_4 \cdot R_{14} + t_0 \end{cases} \quad (3\text{-}18)$$

式中　R_{11}——电缆自身热阻，K·m/W；

　　　R_{12}——电缆 1 -电缆 2 间的互热阻，K·m/W；

　　　R_{13}——电缆 1 -电缆 3 间的互热阻，K·m/W；

　　　R_{14}——电缆 1 -电缆 4 间的互热阻，K·m/W；

　　　t_0——环境温度，℃；

　　　t_{c1}——电缆 1 线芯温度，℃；

q_1——电缆 1 热流，W/m；

q_2——电缆 2 热流，W/m；

q_3——电缆 3 热流，W/m；

q_4——电缆 4 热流，W/m。

其他类推，利用"麦考特法＋通用全局优化法"进行参数估计，可得到上式中及其他电缆的各拟合参数的值。

利用线性处理与非线性处理后对应的误差如表 3-28 所示，具体误差如表 3-29 所示。

表 3-28　　　　　　　　　　线性处理与非线性处理后对应的误差统计表

方法	数量	极小值	极大值	均值	标准差
非线性	40	−0.63	0.82	0.0050	0.264 04
线性	40	−1.23	3.30	0.5732	1.319 57

表 3-29　　　　　　　　线性处理与非线性处理后对应的误差表　　　　　　（℃）

序号	有限元结果	非线性结果	非线性误差	线性结果	线性误差
1	38.69	38.70	0.01	37.72	−0.97
2	39.29	39.32	0.03	38.39	−0.90
3	42.69	42.71	0.02	41.81	−0.88
4	45.64	45.68	0.04	44.86	−0.78
5	45.77	45.71	−0.06	44.85	−0.92
6	49.05	49.08	0.03	48.31	−0.74
7	51.84	52.06	0.22	51.34	−0.50
8	52.35	52.25	−0.10	51.57	−0.78
9	52.59	52.66	0.07	51.96	−0.63
10	53.27	53.46	0.19	52.76	−0.51
11	54.82	54.19	−0.63	53.59	−1.23
12	56.63	56.81	0.18	56.28	−0.35
13	56.96	56.93	−0.03	56.39	−0.57
14	58.39	58.50	0.11	57.92	−0.47
15	60.41	60.48	0.07	59.97	−0.44
16	63.06	63.18	0.12	62.71	−0.35
17	64.9	64.84	−0.06	64.75	−0.15

序号	有限元结果	非线性结果	非线性误差	线性结果	线性误差
18	70.44	70.12	−0.32	70.38	−0.06
19	72.91	72.53	−0.38	72.97	0.06
20	73.19	72.85	−0.34	73.27	0.08
21	73.65	73.53	−0.12	73.84	0.19
22	74.61	74.72	0.11	74.88	0.27
23	77.36	77.73	0.37	78.34	0.98
24	81.74	81.66	−0.08	82.55	0.81
25	81.91	82.02	0.11	83.20	1.29
26	82.33	82.46	0.13	83.49	1.16
27	84.78	84.68	−0.10	85.98	1.20
28	84.93	84.88	−0.05	86.10	1.17
29	85.08	85.69	0.61	86.81	1.73
30	85.26	84.97	−0.29	86.32	1.06
31	88.3	88.39	0.09	90.08	1.78
32	88.73	89.55	0.82	91.41	2.68
33	92.88	93.05	0.17	94.93	2.05
34	96.18	96.16	−0.02	98.60	2.42
35	97.23	96.67	−0.56	98.78	1.55
36	97.27	97.48	0.21	99.50	2.23
37	100.16	99.96	−0.20	102.85	2.69
38	101.47	101.43	−0.04	104.21	2.74
39	101.49	101.41	−0.08	104.21	2.72
40	109.33	109.28	−0.05	112.63	3.30

由以上图表可见：①提出的对流热阻（含辐射散热与传导散热）的拟合公式可以更好地反映了散热的变化；②采用对流热阻（含辐射散热与传导散热）的拟合后，相应的误差及误差范围也很小，最大误差均小于1℃；③尽管线性处理后，误差随缆芯温度的增加而增加，但在常规运行范围内（40～90℃），误差也小于2℃，可以满足运行分析的需要。

第四章　地埋电缆群暂态温升集总参数模型

在地埋电缆运行中，经常遇到电缆是否可以增容，是否可以承担应急负荷的工况。对于应急负荷，需要在工程中快速、实时得到计算结果，因此需要精度较高的、计算速度快的、便于工程师熟练使用的方法来计算地埋电缆的暂态温升。

第一节　地埋电缆群暂态温度场特性

一、直埋电缆

以实例形式介绍直埋电缆暂态传热特性。

【例 4-1】 以图 3-2 所示单根单芯电缆直埋敷设为例，电缆结构参数如表 3-1 所示。土壤导热系数为 0.87W/（m·℃），埋深为 0.7m，地表空气温度为 30℃，深层地温为 15℃。初期电缆电流为 0，在 0+时刻施加阶跃负荷电流 500A，电缆损耗为 42.98W，计算 200h 的暂态温升。有限元计算结果如图 4-1 所示。

从图 4-1 可以看出，直埋电缆的自热温升曲线类似于指数曲线，这也验证了 IEC 60853 采用两个指数相减的关系式来计算电缆本体的温升曲线的可信性。在整个 200h 时间范围内，初期较短的时间内，电缆缆芯温升上升很快，然后上升速度一直处于一个逐渐减小的过程。这是由于地埋电缆传热媒介比较大，热量由缆芯向四周环境土壤散发热量需要一个较长的过程。

初期热量聚集在电缆缆芯，缆芯温升快速上升，产生温差，热量开始通过电缆各层向外界传导热量。由于电缆本体体积较小，热容较小，很快达到平衡状态，图 2-20 显示的计算结果也证明了这一点。而图 2-20 显示

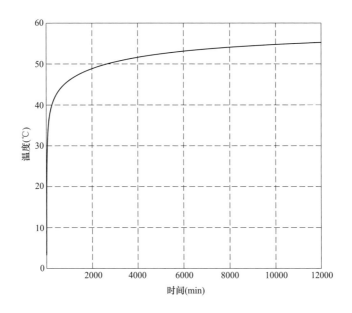

图 4-1　直埋单芯单根电缆暂态缆芯温升

电缆本体在二十几个小时内已经达到稳态。因此初期电缆缆芯温升上升很快。

　　而外部土壤体积较大，传热过程比较漫长，达到稳态的时间较长，由图 4-1 可以看出，在 200h 后，缆芯温升已经接近稳态，但还没有达到稳态。

二、排管电缆

　　【例 4-2】　以表 3-1 所示电缆敷设于排管内为例，PVC 排管内径为 120mm，外径为 150mm，敷设于地表以下 0.7m。土壤导热系数为 0.87W/(m·℃)，地表空气温度为 40℃，深层地温为 15℃。初期电缆电流为 0，在 0＋时刻施加阶跃负荷电流 500A，电缆损耗为 42.98W，计算 100h 的暂态温升。有限元计算结果如图 4-2 所示。

　　与直埋电缆类似，排管电缆缆芯的暂态温升也是一个上升速度逐渐递减的过程。热量由缆芯向四周环境土壤散发热量需要一个较长的过程。

　　与直埋电缆相比，在相同的损耗下，排管电缆的温升明显要高一些。

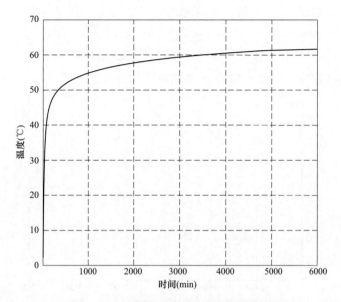

图 4-2　单根排管电缆缆芯暂态温升曲线

第二节　自热暂态热路模型

一、模型构建

　　单根电缆的缆芯温升取决于断面内的损耗和所处断面的热学特征。断面内的损耗主要位于缆芯导体、绝缘层和金属套，缆芯导体损耗、金属套涡流损耗与电缆的运行电流及运行温度有明确的对应关系，IEC 60287 给出了明确的计算公式，也可采用数值方法进行求解。绝缘层存在介质损耗，且与电缆运行电压相关。IEC 推荐在 35kV 以下时，可以忽略绝缘层的介质损耗，否则需考虑介质损耗。

　　断面的热学特征包含了断面内的传热媒介，以及边界条件和初始条件。断面的传热媒介包含了电缆本体和外部环境。断面的边界条件分为三类，已在本书前面部分做了介绍，可以分别施加在断面的四个边界上，将半无限大的热场转化为闭域场，进行温度场的求解。初始条件与电缆暂态运行前的状态有关。当电缆电流从 0 状态开始加阶跃负荷时，初始温度为环境温度；当加阶跃负荷前为稳态工况时，初始温度为稳态时的长期温度。无论是哪种情况，只需计算出阶跃负荷后的温升，再与初始温度相加，即可得到一定时间内的温度。

借鉴于 IEC 60853 和现有研究成果，地埋电缆的暂态热学过程可以用等效的热路模型描述。假定在整个传热过程中，断面内各媒介的热物性保持不变，可采用图 4-3 所示的等效的热路模型来模拟断面的传热过程。其中 Q 为电缆总的发热，C_1 为缆芯热容，由于缆芯为导体，忽略了缆芯的热阻，C_2 和 R_2 分别为缆芯外所有传热媒介的等效热阻和热容。

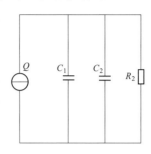

图 4-3　直埋单根电缆集总
参数暂态热路模型

由于场域内有多种媒介的存在，特别是周围环境土壤媒介，传热面积和距离均较大，导致整个场域，即地埋电缆的传热面积较大，而热量的传递是由两点之间的温差决定的，建立温差需要一个过程，直接结果是远离缆芯的地方传热有延时，其温度的升高也较慢。

图 4-4 所示为距离某直埋单根电缆不同距离点的温升曲线，可以看出距离越远，其温升开始变化的延时越长。在传热学中，描述这种热量由某一点向远处传播的传热动态过程，常用一个傅里叶数或毕渥数。但在集总参数模型中，单纯地利用热阻和热容构成的暂态热路模型很难反映这种传热的动态

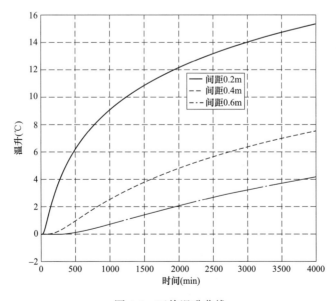

图 4-4　互热温升曲线

过程。因此，IEC 60853 中给出了两种模型，一种短时模型，一种长时模型，正说明了要阐述一个暂态传热过程，利用一个模型难以反映宽时间范围的暂态过程。

由于热路与电路高度相似。考虑到电路中电感可以抑制电流的变化，即起到了延缓两个节点间电流的传递过程。在热路模型中引入热感来描述这种随着距离传热的动态延迟过程。为了热路的平衡，同时在 C_2 支路引入了一个平衡热阻。即引入一个平衡热阻和一个平衡热感，可以有效提高热路模型对宽范围时间传热动态过程的适应性。该热路模型如图 4-5 所示。

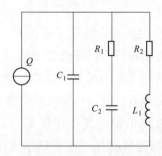

图 4-5　单根电力电缆集总参数暂态热路图

C_1—电缆自身热容，J/K；C_2—断面等效热容，J/K；R_1—断面等效热容的平衡热阻，K/W；
R_2—电缆缆芯对环境的等效热阻，K/W；L_1—断面等效热阻的平衡热感

图 4-5 所示模型不依赖于表皮测温，不依赖于电缆本身发热量或电流大小，只与电缆周围材料的热特性相关，而一般运行温度范围内该类特性可认为基本不变，这样在变换电缆电流时，就无需重复有限元等复杂的数值计算，直接通过简单的矩阵和迭代即可获得满意的结果。

二、模型参数求解

根据热路与电路的相似性，在图 4-6 中给出了图 4-5 中热节点和热流方向。根据节点电流方程，可以列写出图 4-4 所示三个节点的热流方程，即

$$\begin{cases} i_Q - i_{c1} = \dfrac{T_1 - T_2}{R_1} + \dfrac{T_1 - T_3}{R_2} \\[2mm] \dfrac{T_1 - T_2}{R_1} = i_{c2} \\[2mm] \dfrac{T_1 - T_3}{R_2} = i_{l1} \end{cases} \tag{4-1}$$

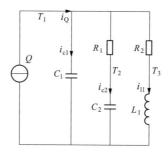

图 4-6 热路模型图

T_1、T_2、T_3—三个节点温升；i_Q—电缆总的发热量；i_{c1}—热容 C_1 的热流；

i_{c2}—热容 C_2 支路的热流；i_{l1}—热感支路的热流

暂态温升计算中，取时间步长为 Δt，则

$$\begin{cases} g_{c1} = 2C_1/\Delta t \\ g_{c2} = 2C_2/\Delta t \\ g_{l1} = \Delta t/(2L_1) \end{cases} \tag{4-2}$$

此外，取

$$\begin{cases} g_1 = 1/R_1 \\ g_2 = 1/R_2 \end{cases} \tag{4-3}$$

则可列出图 4-6 热路热导求解矩阵仿真，即

$$\begin{bmatrix} g_{c1} + g_1 + g_2 & -g_1 & -g_2 \\ -g_1 & g_{c2} + g_1 & 0 \\ -g_2 & 0 & g_{l1} + g_2 \end{bmatrix} \cdot \begin{bmatrix} T_1 \\ T_2 \\ T_3 \end{bmatrix} = \begin{bmatrix} i_1 \\ i_2 \\ i_3 \end{bmatrix} \tag{4-4}$$

初始状态下，只有电缆本体发热，其余部分热流均为 0，则式（4-4）中的热流矩阵可简写为

$$\begin{bmatrix} i_1 \\ i_2 \\ i_3 \end{bmatrix} = \begin{bmatrix} i_Q \\ 0 \\ 0 \end{bmatrix} \tag{4-5}$$

随着时间的增长，根据电路中的瞬态分析法，热容和热感均等效为一个热流和热纳的并联。因此，每一个时间步，每一个节点的热流应加上前一个时间步热容和热感的等效热流。已知热阻、热容和热感，以及电缆本体的发热后，可以逐步计算出各时间步的节点热流和温升，其中 T_1 点的温升即为缆芯随时间变化的温升曲线。

三、模型参数的求解

1. 电缆自身热容 C_1

利用有限元计算方法（本研究中采用有限元计算，实际应用中也可采用其他数值计算或试验方法），可得到一个单根电缆阶跃冲击的温升与流出热流计算结果，计算模型如图 4-7 所示。

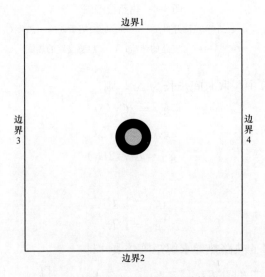

图 4-7　单根直埋电缆有限元计算模型

图 4-7 为单根直埋电缆有限元计算模型；热流载流量为阶跃波；边界条件 1、2、3、4 的温度均设为 30℃；土壤密度为 1500kg/m³，电缆密度为 8900kg/m³；土壤比热容为 855J/(kg·K)，电缆比热容为 400J/(kg·K)。考虑到高压电力电缆往往包含多层结构，而且有些结构层很薄。由于电缆是一个圆柱的轴对称结构，各个方向热阻相同，多层的电缆结构可以采用调和平均法进行等效，将多层电缆中导体外各层结构等效为一层等效外护层，上例中调和导热系数设为 23.3W/(m²·K)，土壤导热系数为 1W/(m²·K)。

模型施加热流为阶跃波，幅值为 75W，持续时间为 $0\sim50\times1000$s。由于 C_1 的存在，阶跃波与散出热流存在差异，且满足热容 C_1 吸收的热流等于模型所施加的热流减去向电缆外散去的热流，由此，可得到 $C_1=2.669$。计算列表如表 4-1 所示。

表 4-1 C_1 计算结果

时间（×1000s）	温升（K）	散出热流（W）	温升变化量（K/s）	吸收热流（W）	等效 C_1
1	8.836	51.39	8.836	23.57	2.667
2	13.545	62.39	4.709	12.57	2.669
3	16.585	66.84	3.04	8.12	2.671
4	18.766	69.13	2.181	5.83	2.673
5	20.438	70.49	1.672	4.47	2.673
6	21.778	71.37	1.34	3.59	2.679
7	22.884	72	1.106	2.96	2.676
8	23.815	72.46	0.931	2.5	2.685
9	24.611	72.82	0.796	2.14	2.688
10	25.299	73.11	0.688	1.85	2.689
11	25.898	73.35	0.599	1.61	2.688
12	26.421	73.55	0.523	1.41	2.696
13	26.882	73.72	0.461	1.24	2.690
14	27.288	73.87	0.406	1.09	2.685
15	27.647	73.99	0.359	0.97	2.702
16	27.965	74.1	0.318	0.86	2.704
17	28.248	74.2	0.283	0.76	2.686
18	28.499	74.28	0.251	0.68	2.709
19	28.722	74.35	0.223	0.61	2.735
20	28.922	74.42	0.2	0.54	2.700
21	29.099	74.48	0.177	0.48	2.712
22	29.258	74.53	0.159	0.43	2.704
23	29.4	74.57	0.142	0.39	2.746
24	29.527	74.62	0.127	0.34	2.677
25	29.641	74.65	0.114	0.31	2.719
26	29.743	74.68	0.102	0.28	2.745
27	29.835	74.71	0.092	0.25	2.717
28	29.917	74.74	0.082	0.22	2.683
29	29.99	74.76	0.073	0.2	2.740
30	30.057	74.78	0.067	0.18	2.687

2. 电缆缆芯对环境的等效热阻 R_2

由表 4-1 可知，在（30×1000s）时间后，缆芯温升已经变化比较缓慢，趋于稳定，可以认为此时电缆自身热容、断面等效热容、断面等效热阻的平衡热感均已平衡，因此可计算出 R_2，$R_2 = 30.057/75 = 0.4$。实际中还可以计算地埋电缆的稳态温度场，根据所得温升和损耗计算 R_2。

3. 断面等效热容 C_2、断面等效热容的平衡热阻 R_1、断面等效热阻的平衡热感 L_1

上述参数反映了断面热的过渡过程，根据热学特性，可令 $R_1 \times C_2 = L_1/R_2$。

在实际地埋电缆缆群暂态温度场计算中，合理确定图 4-5 所示热路模型中的参数可以更有效地模拟暂态传热过程，因此各热阻、热容和热感均为等效参数。在上面给出了确定 C_1 和 R_2 的方法，但在整个暂态传热过程中，周围的土壤是否全部参与传热与时间有关，因此实际暂态过程中的 R_2 应该小于稳态时的热阻。同样，直接确定 C_1 为电缆本体的等效热容是否可以很好地模拟暂态传热过程，也存在疑问，但可以根据所得数据确定参数范围。

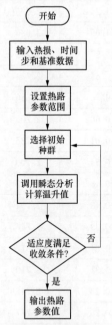

图 4-8　热路模型
参数求解流程

遗传算法已经广泛地应用于对参数的优化中，这里采用遗传算法对图 4-5 中的热路模型参数优化求解，得到其最优解，即为场域的热路模型等效参数。

热路模型参数的求解方法如图 4-8 所示。

在热路模型参数求解中，首先应准备求解时间范围内的基准数据，可以采用有限元计算结果，也可以采用试验或通用软件 CYMCAP 给出的结果。

实际求解过程中，不需要提前计算 C_1 和 R_2，几个参数均通过优化获取。

从上述分析可知，C_1 的取值范围较小，可取 $C_1 \in (0, 100)$；R_2 的寻优范围上限为稳态热阻，可取 $R_2 \in (0, 2)$；通常可取 $C_2 \in (0, 1000)$，$R_1 \in (0, 1000)$。

L_1 由 $R_1 \times C_2 = L_1/R_2$ 计算。

设置遗传算法种群规模和求解迭代步数。通常可取 2000～3000 种群规模，迭代步数可取 100，并给出遗传算法的变异率 0.05、交叉率 0.75 等参数。设置每个时间步的温升差的平方和作为适应度函数，调用热路模型的求解程序，迭代计算，当满足收敛条件或迭代步数时，计算停止，否则一直优化求解，最终给出最优适应度函数值和相应的热路模型参数值。

下面举例说明热路模型参数优化求解的方法。

【例 4-3】 敷设工况与例 4-1 相同，这里首先对电缆本体暂态温升的计算。分别用图 4-5 所示的暂态热路模型和图 2-4 所示的 IEC 60853 给出的二支路暂态热路模型进行计算，以说明本书提出的暂态热路模型的优越性。利用有限元分别计算得到直埋电缆的缆芯暂态温度和电缆表皮对称 4 个点的暂态温升，然后对电缆表皮温度求平均值，利用缆芯暂态温度与表皮温度平均值相减，得到电缆本体的暂态温度，如图 4-9 所示。

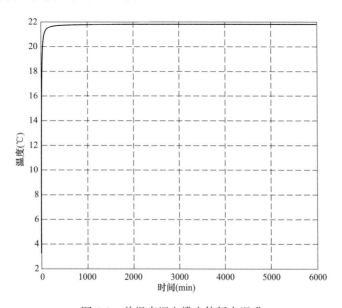

图 4-9　单根直埋电缆本体暂态温升

首先利用本章提出的带热感的暂态热路模型进行求解，遗传算法迭代求解的收敛过程如图 4-10 所示，求得的最优适应度值为 19.2431。每分钟一个数据，共 6000 个数，平均每个数的误差约为 0.06℃，可见利用带热感的暂态热路模型计算精度较高。

遗传算法优化后得到的电缆本体暂态热路模型参数如表 4-2 所示。

表 4-2　　　　　　　　　　单根直埋电缆本体暂态热路模型参数

C_1	C_2	R_1	R_2
13.1804	59.4532	0.3827	0.5085

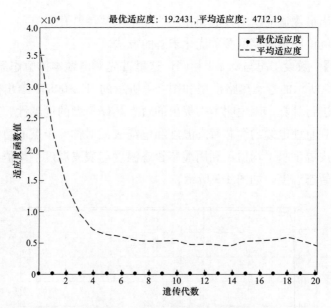

图 4-10　遗传算法迭代求解过程

利用暂态热路模型计算得到的电缆本体暂态温升如图 4-11 所示，与有限元计算结果的误差如图 4-12 所示。初期误差较大，但也小于±1℃，很快误差稳定，均小于 0.1℃。

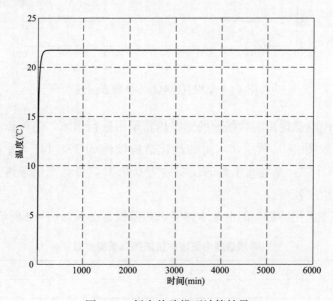

图 4-11　暂态热路模型计算结果

然后利用 IEC 60853 长期模型计算单根直埋电缆本体暂态温升，电缆本体各层的热阻和热容参数如表 4-3 所示。

表 4-3 电缆本体各层参数

T_1	T_2	T_3	C_1	C_2	C_3
0.3732	0	0.1327	0.0503	0.8829	0.2779

利用 IEC 60853 给出的方法，可以计算出等效为二支路热路模型后的参数，见表 4-4。

表 4-4 IEC 60853 二支路热路模型参数

T_A	T_B	C_A	C_B
0.3732	0.1327	0.0503	1.1608

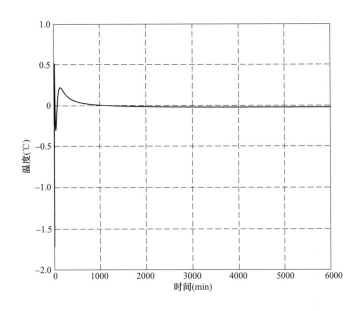

图 4-12 单根直埋电缆本体热路模型与有限元计算结果对比误差

对热路模型进行求解得：$M_0 = 0.089\,74$，$N_0 = 0.002\,89$，$a = 55.9155$，$b = 6.1883$，$T_a = 0.3368$，$T_b = 0.1691$。

给出缆芯温升的计算关系式，即

$$\theta = 42.98\left[T_{a}(1 - e^{-at}) + T_{b}(1 - e^{-bt})\right]$$

由此求得缆芯暂态温升如图 4-13 所示，与有限元结果的误差如图 4-14 所示。

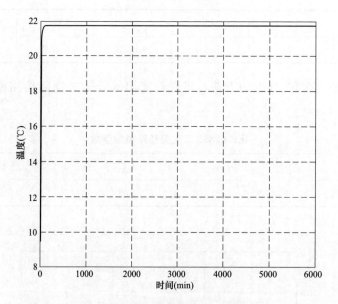

图 4-13　IEC 60853 热路模型计算结果

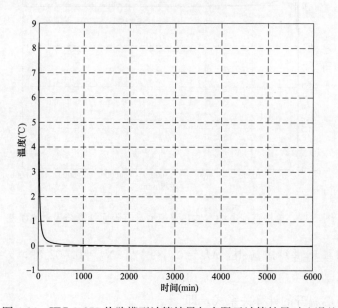

图 4-14　IEC 60853 热路模型计算结果与有限元计算结果对比误差

从图 4-13 和图 4-14 可以看出，利用 IEC 60853 热路模型计算结果与有限元计算结果也很相近，但初期误差比图 4-5 所示的热路模型要大。因此，本书提出的热路模型更优。

在 IEC 60853 中，还需要采用其他的方法计算外部土壤的温升，然后与电缆本体温升求和得到电缆缆芯对环境的总温升。本书提出的热路模型可以将整个敷设断面看作一个整体，利用图 4-5 所示的热路模型进行缆芯暂态温升的求解。

【例 4-4】 利用 CYMCAP 建立单根电缆的模型，电缆的型号为 YJV-8.7/10kV-500mm²。埋深为 0.7m，土壤导热系数为 1，环境温度 30℃。计算得到的缆芯温升如图 4-15 所示。以此数据为基准，利用遗传算法优化得到暂态热路模型的数据如表 4-5 所示，暂态热路模型计算的缆芯温升如图 4-15，与 CYM-CAP 软件计算结果对比的误差如图 4-16 所示。可以看出两者间误差很小，满足工程实际需求。

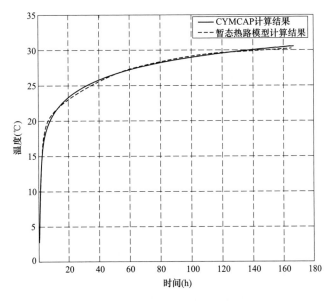

图 4-15　热路计算结果于有限元计算结果对比

表 4-5　　　　　　　　　　　　　热路模型参数

C_1	C_2	R_1	R_2
17.708	276.2587	0.4486	0.6871

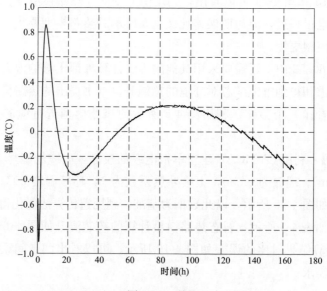

图 4-16　误差

第三节　互热暂态热路模型

一、基本思路

地埋电缆中往往成集群敷设的情况，即多根甚至几十根电缆敷设于一个断面，此时如果同时对这些电缆的温升进行求解，则需建立非常复杂的热路网络。这种网状热路模型结构的建立是很困难的，其等效参数较多，求解过程必然是繁琐的。

根据热场的唯一性和可叠加性，任意一根电缆的温升可以分解为其自身发热引起的温升和相邻电缆发热在该电缆缆芯的温升之和。上面单根电缆的热路模型可以计算任意电缆自身的发热温升，在地埋电缆群温升计算时，还应建立一个互热热路模型来进行相邻电缆的互热温升计算。对于任意根数电缆，则可以将模型分解为每一根电缆的自热热路模型和任意两根电缆间的互热热路模型，自热热路模型和互热热路模型均可以单独求解，最后进行求和，则可以得到任一电缆的总的温升。

图 4-4 不仅说明了电缆向外扩散热量有一个是时间的延迟，同时也说明了

电缆间的互热与电缆间的间距相关，电缆间距较小，热量很快传递到相邻电缆，并且互热温升较高；电缆间距较长时，热量传递到相邻电缆需要一定的延时，互热温升也较低。这就决定了互热热路模型中也可以设置一个平衡热感，使得互热热路模型可以适用于不同间距的电缆互热温升计算中。

由此可以得到电缆间的互热热路模型如图 4-17 所示。

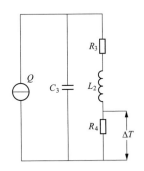

图 4-17　互响应模型

C_3—电缆间的热容；R_3—互热点与缆芯间的热阻；R_4—互热点到环境的热阻；
R_3、R_4 以互热点等温线为分界线；L_2 起到根据间距的热流及温升的延时作用。

二、模型求解

与自热热路模型求解相似，在图 4-18 中给出了图 4-17 中的热节点和热流方向。

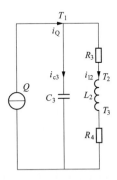

图 4-18　互响应模型

T_1、T_2、T_3—三个节点温升；i_Q—电缆总的发热量；i_{c3}—热容 C_3 的热流；
i_{12}—热感支路的热流

根据节点电流方程，可以列写出图 4-18 所示三个节点的热流方程，即

$$\begin{cases} i_Q - i_{c3} = \dfrac{T_1 - T_2}{R_3} \\[2mm] \dfrac{T_1 - T_2}{R_3} = i_{l2} \\[2mm] \dfrac{T_3}{R_4} = i_{l2} \end{cases} \qquad (4\text{-}6)$$

暂态温升计算中，取时间步长为 Δt，则

$$\begin{cases} g_{c3} = 2C_3 / \Delta t \\ g_{l2} = \Delta t / (2L_2) \end{cases} \qquad (4\text{-}7)$$

此外，取

$$\begin{cases} g_3 = 1/R_3 \\ g_4 = 1/R_4 \end{cases} \qquad (4\text{-}8)$$

则可列出图 4-18 热路热导求解矩阵仿真，即

$$\begin{bmatrix} g_{c3} + g_3 & -g_3 & 0 \\ -g_3 & g_{l2} + g_3 & 0 \\ 0 & -g_{l2} & g_{l2} + g_4 \end{bmatrix} \cdot \begin{bmatrix} T_1 \\ T_2 \\ T_3 \end{bmatrix} = \begin{bmatrix} i_1 \\ i_2 \\ i_3 \end{bmatrix} \qquad (4\text{-}9)$$

初始状态下，只有电缆本体发热，其余部分热流均为 0，则式（4-9）中的热流矩阵可简写为

$$\begin{bmatrix} i_1 \\ i_2 \\ i_3 \end{bmatrix} = \begin{bmatrix} i_Q \\ 0 \\ 0 \end{bmatrix} \qquad (4\text{-}10)$$

随着时间的增长，根据电路中的瞬态分析法，热容和热感均等效为一个热流和热纳的并联。因此，每一个时间步，每一个节点的热流应加上前一个时间步热容和热感的等效热流。如果知道热阻、热容和热感的具体数值，在给定电缆本体的发热后，可以利用电路的瞬态分析法计算出每个暂态时间点的节点热流和温升，其中 T_2 的温升即为该电缆到相邻电缆的互热随时间变化的温升曲线。

互热模型的求解方法与自热模型相似，首先利用有限元或已有成熟的软件计算一组数据作为参考数据，然后利用遗传算法优化求解热路模型参数，得到一组最优解，利用得到的热路模型参数，就可以进行后续不同负荷下的互热温升的计算。

106

【例 4-5】 电缆型号、敷设条件等与例 4-4 相同，两根电缆一字型排列，电缆间距为 0.2m，当 1 根电缆加 600A 电流时，同时可以得到另一根电缆的缆芯温升。

以此数据为基准，利用遗传算法优化得到热路模型参数如表 4-6 所示，遗传算法迭代收敛过程如图 4-19 所示。CYMCAP 软件计算时间步长为 0.25h，共计 167h，即 668 个时间步，利用遗传算法优化的最优适应度为 4.173 77，可以知道平均每个点的误差为 0.079，即每个点平均误差不到 0.1℃，具有较高的精度。

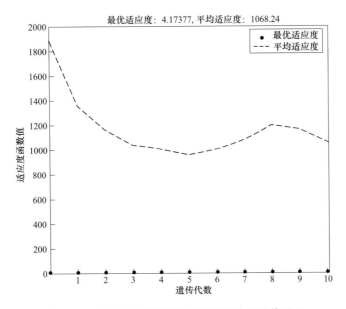

图 4-19 互热热路模型参数遗传算法收敛迭代过程

暂态互热热路模型和 CYMCAP 软件计算结果如图 4-20 所示，两者误差如图 4-21 所示。可以看出最大误差小于 0.4℃，最终误差小于 0.1℃，两种方法的计算结果间误差很小。正证明暂态互热热路模型可以用于计算地埋电缆间的互热温升，且精度较高，满足工程实际需求。

表 4-6   热路模型参数

C_3	R_3	L_2	R_4
833.8383	1.169	179.7361	0.3199

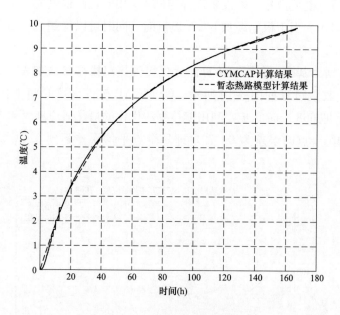

图 4-20　互热热路模型计算结果

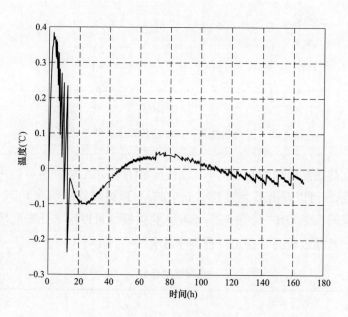

图 4-21　有限元计算结果与互热热路模型计算结果对比误差

第四节　电缆群缆芯暂态温升计算

由于地埋电缆一个断面可能存在多根电缆，利用"分散＋组合"的思想，分别用自热热路模型和互热热路模型计算自热温升和互热温升，最后求和得到电缆的温升，示意图如图 4-22 所示。

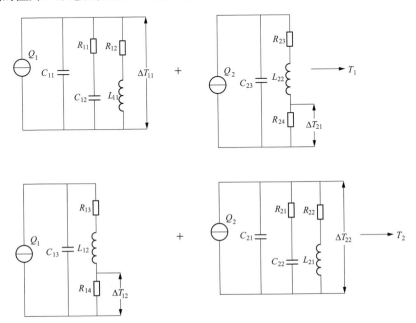

图 4-22　"分散＋组合"模型求解电缆群缆芯温升

假设有两根电缆，分别编号为 1 号电缆和 2 号电缆，可以分别建立 1 号和 2 号电缆的自热热路模型，以及 1 号电缆和 2 号电缆缆芯间的互热热路模型。利用 1 号电缆的自热热路模型可以计算出 1 号电缆自热温升 ΔT_{11}，同理可以计算出 2 号电缆自热温升 ΔT_{22}，利用互热热路模型可以分别计算 2 号电缆和 1 号电缆缆芯位置的互热温升 ΔT_{21}，且 $\Delta T_{12} = \Delta T_{21}$。

则 1 号电缆缆芯总的温升 $T_1 = \Delta T_{11} + \Delta T_{21}$；2 号电缆缆芯总的温升 $T_2 = \Delta T_{22} + \Delta T_{12}$。

假设断面有 n 根电缆，则所有电缆的暂态温升计算步骤如下：

（1）依次给每根电缆加负荷（其余电缆负荷为 0），可以得到该电缆的损耗和自热温升数据，以及在其余电缆缆芯处的互热温升数据（可采用试验或有限元、CYMCAP 等商用软件计算）。

（2）以自热温升数据为基准，利用遗传算法，结合瞬态分析法或龙格库塔法自热热路模型求解程序，优化得到热路模型的热阻、热容和热感参数（电缆型号相同、敷设条件相同的电缆，只计算一次即可）。循环 n 次，得到 n 根电缆的自热热路模型参数。

（3）以互热温升数据为基准，利用遗传算法，结合瞬态分析法或龙格库塔法互热热路模型求解程序，优化得到互热热路模型的热阻、热容和热感参数（间距相同，只计算一次即可）。对所有的间距进行同样的流程，得到所有间距的互热热路模型参数。

（4）对 n 根电缆带入实际电流，计算相对应的损耗，然后利用已得到的自热热路模型参数和互热热路模型参数，计算各自的自热温升和互热温升数据。

（5）对第 i（依次取 $1\sim n$）号电缆的自热温升和其余 $n-1$ 根电缆对第 i 号电缆的互热温升求和，得到第 i 号电缆的缆芯温升。

【例 4-6】 以直埋两根电缆为例，电缆型号和参数如表 3-1 所示。电缆间距为 0.2m。两根电缆电流分别为 500A 和 700A，对应的损耗分别为 35W/m 和 25W/m，有限元计算的结果如图 4-23～图 4-26 所示。

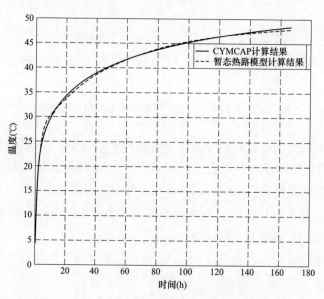

图 4-23　电缆 1 两种方法计算结果

前述例中已经计算出电缆的自热暂态热路模型参数和互热热路模型参数，

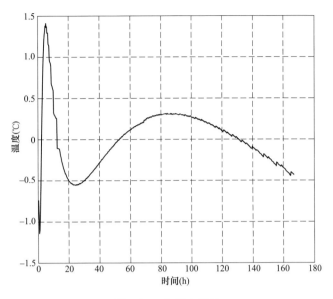

图 4-24　电缆 1 误差

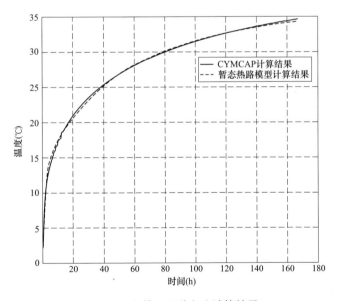

图 4-25　电缆 2 两种方法计算结果

利用"分散＋组合"的思想，分别计算出自热暂态温升和互热暂态温升，两者相加得到电缆的实际温升。图 4-23 给出了 1 号电缆两种方法的计算结果，图 4-

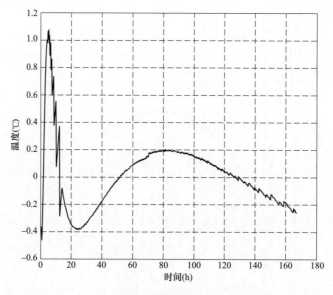

图 4-26　电缆 2 误差

24 给出电缆 1 的误差，图 4-25 给出了 2 号电缆两种方法的计算结果，图 4-26 给出了电缆 2 的误差。可以看出，在两根电缆群组的工况下，暂态热路模型给出的计算结果与 CYMCAP 软件计算结果比较吻合，大多数时间内误差均小于 0.5℃，只在初期误差较大，但也小于 1.5℃。

第五节　排管电缆群暂态温升精益化计算与分析

与稳态温度场相同，影响排管电缆暂态温升精确性的一个重要因素是排管电缆内部的空气层，该层媒介的热物性与温度相关，具有可变性。为了提高暂态温升计算的精确性，可对该部分进行精益化分析和计算。这里将排管电缆群模型分解为两个部分，一个为排管壁到环境，另一个为电缆本体和空气层。

一、排管壁暂态温升获得

排管壁对环境温度的温升主要取决于电缆损耗与排管壁外部断面的热学特征，前者与运行电流及运行温度有明确的对应关系，可直接应用；而后者主要取决于外部断面的几何参数、各部分的物理参数，可认为在运行温度范围内，物理参数保持不变，这些为模型的建立提供了理论依据。

在有限元计算或 CYMCAP 计算时，计算缆芯温度值的同时，可计算出排管内壁的温度值，排管内壁的温度值与环境温度值做差，可以获得排管壁的暂态温升，以此作为求解暂态热路模型参数的基准数据。

根据上述分析，建立排管壁温升的暂态模型如图 4-5 所示。此模型的确定不依赖于电缆本身发热量或电流大小，只与排管外部周围材料的热特性相关，而一般运行温度范围内该类特性可认为基本不变，这样在变换电缆电流时就无需重复有限元等数值计算，直接通过电路计算即可获得排管壁暂态温升满意的结果。

二、电缆缆芯暂态温升获得

参考点为壁温的电缆缆芯暂态温升集总参数模型如图 4-27 所示。其中由于空气密度远小于电缆、排管物质，因此排管内空气部分随温度变化而变化的特性主要体现在电缆与排管间热阻部分。该特性可用热流、排管壁温度与电缆缆芯温度三者定量描述，且该部分热媒介体积较小，可以忽略热感。考虑到空气层热阻可变，模型中以可变热阻 R_2 来表示。

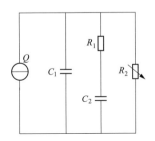

图 4-27　参考点为壁温的电缆线芯暂态温升集总参数模型
Q—电缆热流；C_1—电缆与排管间综合自身热容；C_2—电缆与排管间等效热容；
R_1—电缆与排管间等效热容的平衡热阻；R_2—电缆与排管间等效热阻

三、求解流程

（1）针对某一截面，建立电缆稳态与暂态温升计算模型。

（2）随机选取若干组边界温度与负荷电流，计算稳态工况下的排管壁温升与电缆缆芯稳态温升。

（3）通过步骤（2）所获得的热流与排管壁温度，求取排管对外部环境的等效热阻，即图 4-5 中的热阻 R_2。

（4）通过拟合步骤（2）所获得的热流、排管壁温度与电缆缆芯温度，获得三者间的定量关系，即图 4-27 中的可变热阻 R_2 的数学表示。

（5）设定某一环温，利用软件求取阶跃热流下排管壁暂态温升与电缆缆芯暂态温升过程。

（6）利用步骤（5）所获得的排管壁暂态温升过程，通过遗传算法，获得排管壁至环境的热路模型参数。

（7）利用步骤（5）所获得的电缆缆芯与排管壁间暂态温升过程，通过遗传算法，获得图 4-27 所示热路模型参数。

对于实际运行中的待解工况，利用求得的两个热路模型参数，通过以下步骤获得实际电缆缆芯温升：

（1）利用图 4-5 所示模型求取 t 时刻的壁暂态温升，利用图 4-27 所示模型求取该时刻的电缆缆芯-壁的暂态温升，两者相加形成该时刻电缆缆芯对环境温度的暂态温升。

（2）以此温升推算该时刻的电缆损耗，结合图 4-5 和图 4-27 中各元件的暂态数据，代入 $t+\mathrm{d}t$ 时刻的壁暂态温升与电缆缆芯—壁的暂态温升的计算，形成 $t+\mathrm{d}t$ 时刻的电缆缆芯对环境温度的暂态温升与电缆损耗，代入 $t+2\mathrm{d}t$ 时刻。

（3）如此往复，直至计算时长结束。

四、精益化算例

1. 算例说明

仿真计算可选择成熟商用软件，或有限元、边界元等仿真软件。本例中选用的是 CYMCAP 计算软件。计算对象为排管内的单根（回）电缆群，环境温度为 0～40℃，排管结构为 2×5 孔洞，截面如图 4-28 所示，高度为 0.75m，

图 4-28　排管电缆群截面示意

宽度为 1.6m，排管顶部距地面 4.65m，排管热阻系数为 1.2K·m/W，土壤的热阻系数均为 0.6K·m/W。其他比热容、质量等物理参数均选典型参数。电缆为 10kV 三芯电缆 YJV-400mm²，结构参数如表 3-6 所示。

2. 稳态仿真计算结果

随机选取若干组边界温度与负荷电流，计算稳态工况下的排管壁温升与电缆缆芯稳态温升，温度结果如表 4-7 所示。

表 4-7 电缆 1 及排管壁计算结果

环境温度（℃）	损耗（W/m）	壁温（℃）	缆芯温度（℃）
10	0.58	10.4	11.1
10	2.34	11.8	14.5
10	5.25	14.0	20.0
20	0.58	20.4	21.1
20	2.34	21.8	24.4
20	5.25	24.0	29.7
30	0.58	30.4	31.1
30	2.34	31.8	34.3
30	5.25	34.0	39.5

通过热流与排管壁温度，求取排管对外部环境的等效热阻，即图 4-4 中的热阻 R_2。

根据热阻 R_2＝（壁温－环温）/损耗，可得各工况的热阻及其平均值，如表 4-8 所示。需要指出，表中所示各工况下 R_2 相对偏差较大的原因，主要来源于所用软件数据的有效位数偏少。

表 4-8 排管壁对外部环境的等效热阻计算结果 （K·m/W）

工况	热阻	工况	热阻	工况	热阻
1	0.690	4	0.690	7	0.690
2	0.769	5	0.769	8	0.769
3	0.762	6	0.762	9	0.762
平均值	R_2＝0.740				

通过拟合获得热流、排管壁温度与电缆缆芯温度三者间的定量关系，即图 4-27 中的可变热阻 R_2。

115

根据传热学知识，提出热流、排管壁温度与电缆缆芯温度间拟合关系为

$$t_2 = Q \cdot \{r_1 + p_1/[1 + p_2(t_1 + t_2/2)]\} + t_1 \qquad (4\text{-}11)$$

式中　t_1——排管壁温度，℃；

　　　t_2——电缆缆芯温度，℃；

　　　Q——热流，W/m；

　　　r_1——拟合系数；

　　　p_1——拟合系数；

　　　p_2——拟合系数。

三个拟合系数均与具体的排管孔径与电缆外径有关。

将表 4-7 数据与式（4-11）相结合，利用最小二乘法求解，获得拟合系数如表 4-9 所示。拟合结果如表 4-10 所示。拟合效果表明，热流、排管壁温度与电缆缆芯温度间存在定量的规律，且可用式（4-11）来准确表示，即图 4-27 中的可变热阻 R_2。

表 4-9 　　　　　　　　　　　　　电缆系数

参数	p_1	p_2	r_1
结果	0.5547	0.0165	0.6949

表 4-10 　　　　　　　电缆 1 缆芯温升拟合结果与拟合效果　　　　　　　（K）

序号	软件结果	拟合结果	偏差
1	11.1	11.076	0.024
2	14.5	14.493	0.007
3	20.0	19.922	0.078
4	21.1	21.043	0.057
5	24.4	24.366	0.034
6	29.7	29.666	0.034
7	31.1	31.016	0.084
8	34.3	34.266	0.034
9	39.5	39.461	0.039

通过热流、电缆缆芯与排管壁间温差，求取电缆缆芯对排管的等效热阻，作为热阻 R_2 的初值，如表 4-11 所示。由表 4-11 可见，随着工况的不同，R_2 数值大幅度变化，这也说明了需要充分考虑其非线性影响，才能实现计算的精

益化。

表 4-11 　　　　　　　　电缆缆芯与排管壁的等效热阻计算结果　　　　（K·m/W）

工况	热阻	工况	热阻	工况	热阻
1	0.070	4	0.035	7	0.023
2	0.270	5	0.130	8	0.083
3	0.600	6	0.285	9	0.183
平均值	$R_2=0.187$				

需要说明的是，以上规律不仅适用于本算例，也适用于同样管径、同样电缆外径的排管电缆组合。

第五章　地埋电缆群缆芯稳态温升计算实例

第一节　地埋电缆群实例概况

图 5-1　直埋电缆分布图

实例线路为混合线路，电缆敷设方式为"直埋＋排管"敷设。直埋部分长度为202m，排管部分总长度为307m。直埋段共 2 回 10kV 电缆，平行布置，间距为 15cm，布置情况如图 5-1 所示，电缆 1 型号为 ZRAYJV02 $3 \times 400 \text{mm}^2 / 10 \text{kV}$，电缆 2 型号为 YTV- $3 \times 400 \text{mm}^2 / 10 \text{kV}$。排管段电缆敷设示意图如图 5-2 所示，排管内电缆线路和型号如表 5-1 所示。

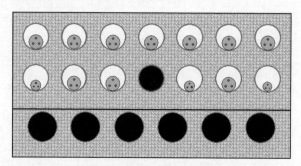

图 5-2　排管段一示意图

表 5-1　　　　　　　　　　排管段一断面电缆布置情况

线路 1	线路 2	线路 3	线路 4	线路 5	线路 6	线路 7
YJV-3×400 (10kV)	YJV-3×400 (10kV)	YJV-3×400 (10kV)	YJV-3×400 (10kV)	YJV-3×400 (10kV)	JV-3×400 (10kV)	YJV-3×400 (10kV)
线路 8	线路 9	线路 10	×	线路 11	线路 12	线路 13
YJV-3×120 (10kV)	YJV-3×400 (10kV)	ZRAYJV02-3 ×400 (10kV)	×	YJV-3×120 (10kV)	YJV-3×400 (10kV)	YJV-3×70 (10kV)
×	×	×	×	×	×	×

注　表中符号×表示没有电缆，管位为空。

118

排管为两块水泥浇筑管道，第一块水泥管道为 2×7 结构，第二块水泥管道为 1×6 结构。2×7 管道有 14 个孔位，即有两层孔位，每层 7 个孔位，管道孔内径为 150mm，管道顶部距地面 0.7m，孔位水平间距为 0.23m，垂直间距为 0.24m，第一层孔位距管道顶部 0.14mm，第二层孔位距管道底部 0.16mm，整个水泥管道长 1.7m，高 0.54m。两侧孔位距管道左、右边均均为 0.16m。1×6 管道有 6 个孔位，管道内径为 0.175m，孔位水平间距为 0.256m，孔位距顶部和底部间距均为 0.21m，两侧孔位距管道左、右边均均为 0.21m，整个水泥管道长 1.7m，高 0.42m。

第二节 直埋电缆群稳态温升计算实例

一、热导转移矩阵

理论上，对两条线路，两组数据即可获得转移矩阵，但如果两组数据存在关联性，不满足正交性，则可能带来较大误差。为避免两组数据间存在关联性，应扩大数据量，取 4 组计算范例来构建转移矩阵，如表 5-2 所示（由于计算结果与 CYMCAP 对比，因此所用算例结果均来自 CYMCAP 软件计算结果），分别给出了电缆 1 和电缆 2 在不同电流下的损耗和缆芯温度值，环境温度为 28℃。

表 5-2 算例数据

电流（A）	损耗（W）	缆芯温度（℃）	电流（A）	损耗（W）	缆芯温度（℃）
120	0.77	31.1	150	1.21	31.9
240	3.14	37.4	180	1.77	35.8
430	11.2	72.9	520	16.9	82.3
570	20.91	94.4	490	15.27	88.5

由此可以得出温升矩阵和损耗矩阵为

$$T = \begin{bmatrix} 3.1000 & 9.4000 & 44.9000 & 66.4000 \\ 3.9000 & 7.8000 & 54.3000 & 60.5000 \end{bmatrix}$$

$$Q = \begin{bmatrix} 0.7700 & 3.1400 & 11.2000 & 20.9100 \\ 1.2100 & 1.7700 & 16.9000 & 15.2700 \end{bmatrix}$$

Q 矩阵乘以 3，然后由 $A = Q/T$，可得转移矩阵 A：

$$A = \begin{bmatrix} 1.5448 & -0.6555 \\ -0.6555 & 1.4731 \end{bmatrix}$$

新取 2 组数据进行验证，取环境温度为 35℃，则利用 CYMCAP 计算得到损耗、温度，以及利用转移矩阵得到的温度结果如表 5-3 所示。

表 5-3 直埋电缆转移矩阵验证

1 号电缆损耗 (W/m)	2 号电缆损耗 (W/m)	1 号电缆温度 (℃)	2 号电缆温度 (℃)	转移矩阵结果 (℃)	转移矩阵结果 (℃)
17.58	12.43	53.5	51.3	53.4429	51.6447
33.26	21.73	69.3	64.4	69.2581	64.9954

从表 5-3 可知，对比转移矩阵和 CYMCAP 的计算结果，最大误差为 0.5554℃，满足工程需求。

二、直接获得热阻转移矩阵

转移矩阵中，对角线元素是电缆的自热阻，非对角线元素为互热阻。根据 IEC 60287，排管内任意一根电缆的自热阻只跟该电缆本身参数和外部土壤有关，与其他电缆无关，任意两根电缆间的相互热作用可以通过镜像法进行计算，只跟两根电缆间的间距和埋地深度，以及土壤热阻系数有关，与其他无关，因此可以通过以下方法获得自热阻和互热阻，然后直接构建转移矩阵。

例如，只给 1 号电缆加电流 500A，其余电缆电流为 0，1 号电缆的总损耗为 45.21W/m，而 CYMCAP 计算获得的 1 号电缆的缆芯温度为 71.1℃，环温为 35℃，可直接计算出自热阻为 0.7895；同理可获得 2 号电缆的自热阻为 0.8105。当 2 号电缆加电流 500A 时，1 号电缆未加电流，温度为 51.1℃，则互热阻为 0.3556。因此可直接写出转移矩阵为

$$A = \begin{bmatrix} 0.7985 & 0.3556 \\ 0.3556 & 0.8105 \end{bmatrix}$$

利用该矩阵对前面 2 组数据进行验证，结果如表 5-4 所示，最大误差小于 0.1℃。

表 5-4 直接生成转移矩阵验证结果

1 号电缆损耗 (W/m)	2 号电缆损耗 (W/m)	1 号电缆温度 (℃)	2 号电缆温度 (℃)	转移矩阵结果 (℃)	转移矩阵结果 (℃)
17.58	12.43	53.5	51.3	53.4577	51.3260
33.26	21.73	69.3	64.4	69.2853	64.4394

验证表明，两种方法均可以获得较好的结果。

实际应用中，往往工程师给出的是电流，而转移矩阵要求的是输入损耗，然后计算温升，需要给出损耗与电流的关系。由电流计算损耗可以根据 IEC 60287 给出的方法进行计算。由于电缆缆芯的电阻率与缆芯温度相关，因此在实际计算中还应考虑热电耦合。

假设环温为 35℃，输入电流为 500A 和 450A。

初次计算损耗为 13.5465、10.9727W/m，对应温升为 79.1563、76.1314℃，循环迭代 5 次以后，迭代满足收敛条件，结束迭代，迭代过程如图 5-3 所示。缆芯温升最终计算结果分别为 86.3℃ 和 82.6℃，而 CYMCAP 软件计算结果为 86.1℃ 和 82.4℃，误差分别为 0.1℃ 和 0.2℃，满足工程需求。

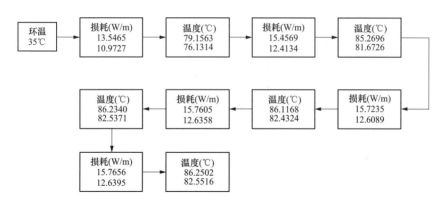

图 5-3　直埋电缆温升计算迭代过程

第三节　排管电缆群稳态温升计算实例

一、热导转移矩阵

随机选取 29 组电流，然后利用 CYMCAP 软件可以计算出对应损耗和温度。分别取前 4 组为验证工况，后 25 种为生成矩阵工况。表 5-5 列出了用于生成转移矩阵的 25 组输入电流，表 5-6 列出了用于验证转移矩阵的 4 组输入电流。

表 5-5   样本组随机电流   （A）

1	2	3	4	5	6	7	8	9	10	11	12	13
35.7	149.5	287.9	102.1	175.6	67.1	225.4	161.1	76.5	115.3	36.6	151.8	46.1
209.7	267.3	287.8	164.2	41.6	44.8	77.3	47.9	252.2	177.3	5.7	76.3	98.2
244.3	73.1	278.8	105	59	75.3	184.8	98	142	33.6	195.7	105.5	15.6
249.2	175.6	164.9	275.2	85.7	227.2	226.1	142.5	114.1	100.1	94.2	170.3	85.5
22.8	16.2	159.2	233.7	280.2	39	170.6	11.9	140.8	136.4	8.5	3.5	64.5
206.8	224.4	238.3	25.164	68.7	274.0	45.7	163.6	247.7	163.5	144.5	161.5	19.1
298.8	23.5	132.8	32	288.6	1.4	232.5	30	245.2	131.9	103.7	260.6	42.8
325.3	119.9	377.9	240.0	129.4	273.2	54.5	194.6	79.1	129.8	160.1	43.7	148.2
40.8	260.8	173.9	365	43.5	255.9	186.6	90.7	105.3	186.5	165.1	154	112.1
72.5	421.2	28.9	39.6	282.6	286.8	172.6	12.1	17.9	79.8	105.4	370.4	38.5
105.9	246.4	4.6	12.9	450.7	194.7	219.5	83.4	194.3	131.4	225.6	135.3	58.3
164.1	88.9	223.4	56.7	206.0	55.1	110.5	158.4	187.7	86.3	203.1	234.1	125.1
424.3	278.8	232.7	146.0	130.8	334.0	91.9	196.8	152.6	233.4	21.2	153.2	29.0
245.3	238.4	193.3	413.6	243.5	359.8	105.2	74.5	281.7	39.6	97.9	262.8	161.7
165.0	186.7	176.1	62.3	90.4	141.3	369.1	267.9	253.3	190.3	184.1	58.4	26.52
67.8	251.2	68.3	130.7	193.3	277.0	429.1	110.5	55.4	147.6	53.8	271.5	82.4
293.9	131.7	433.3	77.4	122.6	178.5	78.7	84.6	180.9	209.6	188.5	240.3	98.3
66.5	35.2	89.0	295.6	127.3	152.4	425.7	83.5	278.7	196.6	60.3	213.4	173.0
8.8	278.7	219.1	146.6	173.6	71.2	137.7	140.2	288.9	233.3	107.8	164.0	34.4
156.3	69.5	146.7	187.2	203.7	118.7	110.2	139.6	296.4	183.3	35.6	411.3	58.4
265.6	274	238.9	29.6	78.6	100.6	203.9	225.6	441	199.8	134.2	216.4	10.8
120.5	422.8	72	37	255.2	72	125.2	216.7	14.9	26.6	34.7	270.8	58.9
283.4	147.3	446.8	101.3	270.0	110.8	33.4	78.2	234.1	166.3	160.7	116.9	122.6
289.5	47.3	291.2	287.2	145.6	240.1	42.6	155.8	126.5	143	180.7	274.7	56.1
237.6	287.8	196.7	10.7	254.7	280.2	203.6	178.2	227.3	66.8	139.7	222.9	88.2

表 5-6   验证组随机电流   （A）

1	2	3	4	5	6	7	8	9	10	11	12	13
244.4	271.7	38.1	274	189.7	29.3	83.5	21.4	164.1	130.7	98.8	287.2	3.2
117.6	196.6	51.3	211.8	9.5	83.1	13.8	39.5	29.1	6.1	148.8	247.0	66.9
208.4	95.1	285.1	10.3	131.6	114.4	229.6	100.0	238.6	95.9	180.9	56.1	19.0
146.9	133.7	193.9	212.8	226.4	82.8	203.9	121.9	196.5	123.5	171.9	48.8	36.97

表5-7列出了用于验证转移矩阵的 4 组损耗数据，表5-8列出了用于生成转移矩阵的 25 组损耗数据。

表 5-7   验证组损耗数据   （W/m）

1	2	3	4	5	6	7	8	9	10	11	12	13
3.42	4.28	0.08	4.39	2.05	0.05	0.38	0.07	1.54	0.97	1.67	4.81	0
0.75	2.14	0.14	2.51	0	0.38	0.01	0.25	0.05	0	3.84	3.49	1.33
2.47	0.51	4.76	0.01	0.97	0.73	2.98	1.73	3.29	0.52	5.89	0.18	0.11
1.22	1	2.16	2.6	2.96	0.38	2.36	2.59	2.21	0.87	5.31	0.13	0.4

表 5-8   样本组损耗数据   （W/m）

1	2	3	4	5	6	7	8	9	10	11	12	13
0.07	1.27	4.81	0.58	1.74	0.25	2.85	4.56	0.33	0.75	0.23	1.28	0.62
2.51	4.18	4.89	1.53	0.1	0.11	0.33	0.39	3.72	1.82	0.01	0.32	2.9
3.4	0.3	4.53	0.62	0.2	0.35	1.92	1.65	1.14	0.07	7.04	0.62	0.07
3.59	1.78	1.56	4.44	0.41	2.99	2.94	3.62	0.74	0.57	1.55	1.66	2.27
0.03	0.01	1.41	3.11	4.5	0.08	1.6	0.02	1.1	1.05	0.01	0	1.2
2.49	2.94	3.32	0.04	0.27	4.38	0.12	4.9	3.85	1.57	3.72	1.51	0.11
5.2	0.03	1	0.06	4.9	0	3.08	0.15	3.48	1	1.9	3.98	0.55
6.59	0.88	9.24	3.6	1.02	4.69	4.02	7.49	1.98	1.05	5.07	7.7	7.76
0.09	4.02	1.78	8.23	0.11	3.9	2.03	1.44	0.64	2.05	5.09	1.4	4.02
0.31	11.21	0.05	0.09	4.88	5.02	1.75	0.02	0.02	4.79	2.03	8.59	0.45
0.64	3.57	0	0.01	13.26	2.29	2.86	1.2	2.21	1.01	10.26	1.09	1.05
1.58	9.5	2.99	0.19	2.53	0.18	0.71	4.63	2.12	0.44	7.99	3.3	5.1
11.54	4.8	3.28	1.25	1	6.72	0.48	7.56	1.42	3.31	0.08	1.36	0.25
3.6	3.45	2.28	11.16	3.71	8.33	0.66	0.99	4.92	0.1	1.83	4.38	9.37
1.62	2.09	1.84	0.22	0.47	1.16	8.29	14.84	3.94	2.18	6.4	0.2	0.22
0.26	3.65	0.26	0.99	2.19	4.65	11.62	2.13	0.17	1.25	0.52	4.44	2.14
5.3	1.06	12.28	0.36	0.9	1.88	0.36	1.33	9.38	2.76	6.96	2.74	3.07
0.25	0.07	0.46	5.31	0.96	1.39	11.64	1.23	4.65	2.31	0.65	3.55	10.79
0	4.6	2.8	1.24	1.73	0.28	1.07	3.5	4.98	1.03	2.04	2.61	0.34
1.4	0.27	1.26	2.06	2.48	0.84	0.71	3.54	5.29	1.99	0.23	10.83	8.66
4.4	4.72	3.52	0.05	0.36	0.59	2.41	10.47	13.05	2.49	3.32	2.77	0.04
0.85	11.21	0.3	0.08	3.8	0.29	0.88	9.02	0.01	0.04	0.21	4.31	1.05
4.79	1.28	12.87	0.61	4.4	0.72	0.06	1.08	3.29	0.07	4.85	0.8	4.88
4.97	0.13	5.13	5	1.24	3.47	0.1	4.39	0.93	1.21	6.16	4.54	0.96
3.33	4.98	2.27	0.01	3.87	4.72	2.41	5.93	3.09	0.26	3.56	2.95	2.44

表 5-7 和表 5-8 给出的是三芯电缆中一芯的损耗，总的电缆损耗应乘以 3，得到损耗矩阵 Q。表 5-9 列出了验证转移矩阵的 4 组缆芯温度数据，表 5-10 列出了生成转移矩阵的 25 组缆芯温度数据。表 5-9 和表 5-10 给出的是电缆的缆芯温度数据，需减去环温 28℃得到温升矩阵 T。

表 5-9　　　　　　　　　　验证组缆芯温度数据　　　　　　　　　　（℃）

1	2	3	4	5	6	7	8	9	10	11	12	13
53.2	57.7	48.2	58.8	52.4	45	42.2	45.1	51.3	51	53.9	58.7	43.3
38.3	43.5	39.8	46	41.4	41.4	38.4	37.5	38.5	39.8	55	51.6	45.4
50.5	48.5	59.5	47.5	49	46.6	49.6	51.2	56.5	50.7	66.3	46.9	43.5
46.4	48.5	53	55.2	55.8	46.8	48.4	53	53.1	51.3	65.7	47.5	45.1

表 5-10　　　　　　　　　　样本组缆芯温度数据　　　　　　　　　　（℃）

1	2	3	4	5	6	7	8	9	10	11	12	13
41.4	46.5	56	44.8	46.2	41.7	46.6	56.6	45.2	46.5	43.2	44.8	42.5
52.5	60.2	61.6	50.2	43	40.9	39.7	48.2	59.4	55.3	43.9	43.1	51.7
51.3	45.9	57.1	47.5	45.7	43.9	45.3	48.9	48.5	46.9	68.6	46.9	42
55.3	52.6	52.9	60.2	50.4	55.9	53.5	58.6	51.1	51.2	54.8	53.8	55.9
35.1	37.4	43.4	49.5	52.8	40.1	41.8	36	40.9	43.1	41	39.6	42.7
56.3	59.9	60.1	50.1	49.8	57.9	43.8	67.1	63.7	58.3	62.1	52.7	45.2
57.1	46.2	48.6	47.4	60.2	47.7	52.1	45.9	55.9	50.8	55.6	58.8	48.2
81.5	73.2	94.7	82.6	76.9	84.9	78.6	90.8	78.2	78.4	93.2	97.1	101.5
47.5	61.8	60.9	77.9	58.7	65.3	57.1	53.1	55	62.6	74.7	61.8	69
52.8	83.5	59.3	59.5	72.9	72.9	59.3	52.4	58.3	73.6	69.9	83.4	59.3
50.2	61.7	56.8	62.8	97.7	69.3	62.9	54.3	60.7	61.9	98	67.9	61.6
61	83.7	68.4	60.2	65.3	57.1	54.2	72.3	67.8	63.7	86.5	69.5	75.1
91.8	77.6	70.2	61.1	58	69.2	49.7	88.1	70.7	72.9	56.7	57.2	50.4
67.2	73	75.2	98.9	84	92.4	69	63.9	78.3	70.9	81.3	86.6	104.2
64.4	66.5	63.9	57.9	57.6	58.4	72.8	107.7	76.4	69.5	78.6	58.1	54.9
44.5	55.7	49.6	53.8	60.9	71	86	51.8	48.7	53.7	58.1	70.5	66.9
75.4	72.8	99.5	69.1	65.9	63.7	54.7	70.1	94.2	81.8	87.9	70.4	68.8
47.8	51.7	56.7	71.4	64.1	69.2	93.3	54.2	66.3	64.9	66.1	77.1	107.4
47.9	62.5	58	52.1	51.4	45.4	44.2	60.6	65.4	55.5	55.1	53.1	44.6

124

1	2	3	4	5	6	7	8	9	10	11	12	13
53.6	54.3	58.5	62.1	65.2	62.7	59.4	64.4	70.2	64.6	64.3	91.4	94.4
80.2	84.3	77	62.3	58.3	55.1	55.3	105.1	108.5	80.5	71.2	63.8	52.3
57	82.9	54.6	50.7	58.6	48.3	46.2	82.5	57.7	54.1	51.7	60	50.2
66.4	64.2	93	63.8	69.5	56.7	50.5	59.5	68.7	63.6	75.2	60	71.3
65.1	56.8	71.1	72.1	62.6	64.4	50.5	68.1	60.3	63.4	80.1	70.2	56.8
63.5	70.1	63	57.2	67.6	68.8	59	75.2	67.7	60	70.7	66.5	64

根据 $A=Q/T$ 可以得到热导转移矩阵为

$$
\begin{bmatrix}
0.995 & -0.186 & -0.055 & -0.033 & -0.006 & 0.009 & -0.012 & -0.156 & -0.121 & -0.016 & -0.021 & -0.023 & 0.003 \\
-0.170 & 1.043 & -0.174 & -0.047 & -0.021 & -0.025 & -0.007 & -0.084 & -0.163 & -0.072 & -0.014 & 0.000 & -0.005 \\
-0.055 & -0.175 & 1.058 & -0.191 & -0.051 & -0.013 & -0.015 & -0.037 & -0.094 & -0.130 & -0.039 & -0.022 & -0.002 \\
-0.025 & -0.045 & -0.176 & 1.040 & -0.180 & -0.035 & -0.027 & -0.018 & -0.026 & -0.128 & -0.088 & -0.039 & -0.018 \\
-0.013 & -0.025 & -0.064 & -0.181 & 1.037 & -0.158 & -0.061 & -0.011 & -0.020 & 0.022 & -0.114 & -0.108 & -0.025 \\
-0.004 & -0.004 & -0.016 & -0.036 & -0.165 & 1.023 & -0.173 & -0.009 & -0.001 & -0.048 & -0.078 & -0.145 & -0.079 \\
-0.004 & -0.001 & -0.012 & -0.035 & -0.067 & -0.180 & 0.999 & -0.012 & -0.009 & -0.007 & -0.036 & -0.119 & -0.134 \\
-0.156 & -0.095 & -0.049 & -0.020 & -0.010 & -0.013 & -0.006 & 0.847 & -0.168 & -0.033 & -0.021 & -0.023 & 0.003 \\
-0.117 & -0.151 & -0.087 & -0.044 & -0.033 & 0.012 & -0.011 & -0.163 & 1.050 & -0.179 & -0.030 & -0.017 & 0.022 \\
-0.035 & -0.075 & -0.136 & -0.087 & -0.043 & -0.021 & -0.009 & -0.050 & -0.165 & 0.887 & -0.058 & -0.031 & -0.017 \\
-0.012 & -0.018 & -0.037 & -0.094 & -0.117 & -0.078 & -0.040 & -0.013 & -0.037 & -0.052 & 0.853 & -0.165 & -0.036 \\
-0.015 & -0.022 & -0.018 & -0.049 & -0.095 & -0.150 & -0.120 & -0.005 & -0.033 & -0.007 & -0.158 & 1.017 & -0.132 \\
-0.003 & -0.011 & -0.015 & -0.013 & -0.032 & -0.066 & -0.136 & -0.005 & -0.005 & -0.019 & -0.041 & -0.137 & 0.700
\end{bmatrix}
$$

矩阵运算得到的热导转移矩阵 A 对称元素存在一定得差异性。利用表 5-7 的损耗数据，可以通过 $T=A \setminus Q$ 计算得到验证组电缆的缆芯温升数据，再加上环境温度 28℃，得到缆芯温度数据如表 5-11 所示。

表 5-11 转移矩阵计算验证工况结果 （℃）

1	2	3	4	5	6	7	8	9	10	11	12	13
53.2	57.3	48.6	58.6	52.6	45.0	42.5	45.5	51.4	51.0	54.0	58.6	43.6
38.4	43.0	39.9	46.5	41.4	41.3	38.4	37.6	38.6	39.8	54.6	51.1	45.0
50.4	48.5	59.0	47.5	48.8	46.5	49.2	51.0	56.1	50.7	65.8	47.1	43.7
46.4	48.4	52.9	55.1	55.1	46.8	48.3	52.6	52.9	51.3	65.3	47.7	45.2

将表 5-12 得到的 4 组缆芯温度数据与表 5-9 给出的缆芯温度数据进行对比，可以得到利用转移矩阵计算结果与 CYMCAP 计算结果的验证误差，对比

125

误差如表 5-12 所示，最大误差为－0.5℃，精度较高。

表 5-12 转移矩阵计算结果与 CYMCAP 计算结果对比 （℃）

1	2	3	4	5	6	7	8	9	10	11	12	13
0.0	－0.4	0.4	－0.2	0.2	0.0	0.3	0.4	0.1	0.0	0.1	－0.1	0.3
0.1	－0.5	0.1	0.5	0.0	－0.1	0.0	0.1	0.1	0.0	－0.4	－0.5	－0.4
－0.1	0.0	－0.5	0.0	－0.2	－0.1	－0.4	－0.2	－0.4		－0.5	0.2	0.2
0.0	－0.1	－0.1	－0.1	－0.4	0.0	－0.1	－0.4	－0.2	0.0	－0.4	0.2	0.1

由于排管电缆群存在对称性，任意相邻两根电缆间的互热导应该相等。因此，对转移矩阵 **A** 对称取平均，得符合对称规律的转移矩阵 **B**，即

$$
\begin{bmatrix}
0.995 & -0.178 & -0.055 & -0.029 & -0.009 & 0.003 & -0.008 & -0.156 & -0.119 & -0.026 & -0.016 & -0.019 & 0.000 \\
-0.178 & 1.043 & -0.174 & -0.046 & -0.023 & -0.014 & -0.004 & -0.089 & -0.157 & -0.074 & -0.016 & -0.011 & -0.008 \\
-0.055 & -0.174 & 1.058 & -0.184 & -0.058 & -0.014 & -0.013 & -0.043 & -0.090 & -0.133 & -0.038 & -0.020 & -0.008 \\
-0.029 & -0.046 & -0.184 & 1.040 & -0.180 & -0.036 & -0.031 & -0.019 & -0.035 & -0.107 & -0.091 & -0.044 & -0.015 \\
-0.009 & -0.023 & -0.058 & -0.180 & 1.037 & -0.162 & -0.064 & -0.010 & -0.027 & -0.032 & -0.115 & -0.102 & -0.029 \\
0.003 & -0.014 & -0.014 & -0.036 & -0.162 & 1.023 & -0.177 & -0.011 & 0.005 & -0.034 & -0.078 & -0.148 & -0.072 \\
-0.008 & -0.004 & -0.013 & -0.031 & -0.064 & -0.177 & 0.999 & -0.009 & -0.010 & -0.008 & -0.038 & -0.120 & -0.135 \\
-0.156 & -0.089 & -0.043 & -0.019 & -0.010 & -0.011 & -0.009 & 0.847 & -0.165 & -0.042 & -0.012 & -0.014 & -0.004 \\
-0.119 & -0.157 & -0.090 & -0.035 & -0.027 & 0.005 & -0.010 & -0.165 & 1.050 & -0.172 & -0.033 & -0.025 & -0.013 \\
-0.026 & -0.074 & -0.133 & -0.107 & -0.032 & -0.034 & -0.008 & -0.042 & -0.172 & 0.887 & -0.055 & -0.019 & -0.018 \\
-0.016 & -0.016 & -0.038 & -0.091 & -0.115 & -0.078 & -0.038 & -0.012 & -0.033 & -0.055 & 0.853 & -0.161 & -0.039 \\
-0.019 & -0.011 & -0.020 & -0.044 & -0.102 & -0.148 & -0.120 & -0.014 & -0.025 & -0.019 & -0.161 & 1.017 & -0.135 \\
0.000 & -0.008 & -0.008 & -0.015 & -0.029 & -0.072 & -0.135 & -0.004 & -0.013 & -0.018 & -0.039 & -0.135 & 0.700
\end{bmatrix}
$$

利用对称转移矩阵 **B** 计算得到的排管电缆群缆芯温升数据如表 5-13 所示，将其与表 5-8 的验证组数据进行对比，得到的误差如表 5-14 所示。

表 5-13 对称转移矩阵计算验证工况结果 （℃）

1	2	3	4	5	6	7	8	9	10	11	12	13
53.0	57.6	48.6	58.8	52.5	44.5	42.4	45.0	51.3	50.8	53.7	58.6	43.2
38.3	43.2	40.0	46.7	41.4	41.0	38.4	37.3	38.6	39.7	54.5	51.2	44.8
50.3	48.8	59.2	48.0	49.0	46.1	49.3	50.7	56.1	50.5	65.7	47.3	43.4
46.3	48.7	53.1	55.4	55.6	46.4	48.2	52.3	52.9	51.2	65.1	47.9	44.9

表 5-14　　　　　　对称转移矩阵计算结果与 CYMCAP 计算结果对比　　　　　（℃）

1	2	3	4	5	6	7	8	9	10	11	12	13
−0.2	−0.1	0.4	0.0	0.1	−0.5	0.2	−0.1	0.0	−0.2	−0.2	−0.1	−0.1
0.0	−0.3	0.2	0.7	0.0	−0.4	0.0	−0.2	0.1	−0.1	−0.5	−0.4	−0.6
−0.2	0.3	−0.3	0.5	0.0	−0.5	−0.3	−0.5	−0.4	−0.2	−0.6	0.4	−0.1
−0.1	0.2	0.1	0.2	−0.2	−0.4	−0.2	−0.7	−0.2	−0.1	−0.6	0.4	−0.2

　　4 组验证数据中，最大误差为 0.7℃。与原始的转移矩阵 **A** 相比，对称转移矩阵的计算结果误差稍有放大。理论上非对角线元素应为对称的，由于 CYMCAP 只保留一位有效数值，且排管内空气层的变化，给对称性带来了偏差，因此强制取对称后，结果会变差，但总体满足工程要求。

二、直接生成热阻转移矩阵

　　环温为 30℃，每根电缆单独取表 5-15 中的电流值，可以获得该根电缆的总损耗，以及各电缆的缆芯温度，结果如表 5-15 所示。

表 5-15　　　　　　　　　　　　　温度数据　　　　　　　　　　　　（℃）

I(A)	Q(W/m)	T_1	T_2	T_3	T_4	T_5	T_6	T_7	T_8	T_9	T_{10}	T_{11}	T_{12}	T_{13}
500	46.66	81.5	44.8	39.9	37.2	35.4	34.2	33.4	45.4	43.1	39.9	36	34.8	33.9
500	46.66	44.8	81.5	44.8	39.9	37.2	35.4	34.2	43.1	45.4	43.1	37.6	36	34.8
500	46.66	39.9	44.8	81.5	44.8	39.9	37.2	35.4	39.9	43.1	45.4	39.9	37.6	36
500	46.66	37.2	39.9	44.8	81.5	44.8	39.9	37.2	37.6	39.9	43.1	43.1	39.9	37.6
500	46.66	35.4	37.2	39.9	44.8	81.5	44.8	39.9	36	37.6	39.9	45.4	43.1	39.9
500	46.66	34.2	35.4	37.2	39.9	44.8	81.5	44.8	34.8	36	37.6	43.1	45.4	43.1
500	46.66	33.4	34.2	35.4	37.2	39.9	44.8	81.5	33.9	34.8	36	39.9	43.1	45.4
270	42.08	43.9	41.8	39	36.9	35.4	34.3	33.5	84	45	40.5	36.3	35.1	34.1
500	46.93	43.2	45.5	43.2	40	37.7	36	34.8	46.8	83.5	46.8	38.9	34	35.6
370	39.63	38.4	41.1	43.1	41.1	38.4	36.5	35.1	39.9	44.2	82.2	39.9	37.5	35.9
270	42.08	35.4	36.9	39	41.8	43.9	41.8	39	36.3	38	40.5	84	45	40.5
500	46.93	34.8	36	37.7	40	43.2	45.5	43.2	35.6	37	38.9	46.8	83.5	46.8
200	40.4	33.4	34.1	35.2	36.6	38.6	41.3	43.4	34	34.9	36	40.1	44.4	84.7

　　由温升/损耗可以得出其自热阻和互热阻，转移矩阵为

$$\begin{bmatrix}
1.1037 & 0.3172 & 0.2122 & 0.1543 & 0.1157 & 0.0900 & 0.0729 & 0.3300 & 0.2808 & 0.2122 & 0.1286 & 0.1029 & 0.0836 \\
0.3172 & 1.1037 & 0.3172 & 0.2122 & 0.1543 & 0.1157 & 0.0900 & 0.2808 & 0.3300 & 0.2808 & 0.1629 & 0.1286 & 0.1029 \\
0.2122 & 0.3172 & 1.1037 & 0.3172 & 0.2122 & 0.1543 & 0.1157 & 0.2122 & 0.2808 & 0.3300 & 0.2122 & 0.1629 & 0.1286 \\
0.1543 & 0.2122 & 0.3172 & 1.1037 & 0.3172 & 0.2122 & 0.1543 & 0.1629 & 0.2122 & 0.2808 & 0.2808 & 0.2122 & 0.1629 \\
0.1157 & 0.1543 & 0.2122 & 0.3172 & 1.1037 & 0.3172 & 0.2122 & 0.1286 & 0.1629 & 0.2122 & 0.3300 & 0.2808 & 0.2122 \\
0.0900 & 0.1157 & 0.1543 & 0.2122 & 0.3172 & 1.1037 & 0.3172 & 0.1029 & 0.1286 & 0.1629 & 0.2808 & 0.3300 & 0.2808 \\
0.0729 & 0.0900 & 0.1157 & 0.1543 & 0.2122 & 0.3172 & 1.1037 & 0.0836 & 0.1029 & 0.1286 & 0.2122 & 0.2808 & 0.3300 \\
0.3303 & 0.2804 & 0.2139 & 0.1640 & 0.1283 & 0.1022 & 0.0832 & 1.2833 & 0.3565 & 0.2495 & 0.1497 & 0.1212 & 0.0974 \\
0.2813 & 0.3303 & 0.2813 & 0.2131 & 0.1641 & 0.1278 & 0.1023 & 0.3580 & 1.1400 & 0.3580 & 0.1896 & 0.0852 & 0.1193 \\
0.2120 & 0.2801 & 0.3306 & 0.2801 & 0.2120 & 0.1640 & 0.1287 & 0.2498 & 0.3583 & 1.1367 & 0.2498 & 0.1893 & 0.1489 \\
0.1283 & 0.1640 & 0.2139 & 0.2804 & 0.3303 & 0.2804 & 0.2139 & 0.1497 & 0.1901 & 0.2495 & 1.2833 & 0.3565 & 0.2495 \\
0.1023 & 0.1278 & 0.1641 & 0.2131 & 0.2813 & 0.3303 & 0.2813 & 0.1193 & 0.1492 & 0.1896 & 0.3580 & 1.1400 & 0.3580 \\
0.0842 & 0.1015 & 0.1287 & 0.1634 & 0.2129 & 0.2797 & 0.3317 & 0.0990 & 0.1213 & 0.1485 & 0.2500 & 0.3564 & 1.3540
\end{bmatrix}$$

矩阵中，对角线元素为自热阻，对称元素为互热阻。

考虑到排管内空气热阻随温度变化，CYMCAP 是根据 IEC 60287 相关公式计算排管内空气层热阻，该热阻与管内温度有关。不同电流下，管内空气温度必然不同，因而热阻也不同。为了计算的方便，同时保证准确度，可采取不同温度下自热阻求平均，然后作为转移矩阵对角线元素值。

计算各自热阻时，将表 5-16～表 5-20 数据分别取和再求平均值，则可得到均化后的自热阻。YJV-400mm² 在排管第一层孔位中敷设时，自热阻取 1.1152。YJV-400mm² 在排管第二层孔位中敷设时，自热阻取 1.1513。YJV-120mm² 电缆自热阻取 1.3013。ZRAYJV-400mm² 电缆自热阻取 1.1553。YJV-70mm² 自热阻取 1.3747。

表 5-16　　　　　　YJV-400mm² 自热阻参数（第一层孔位）

I(A)	Q(W/m)	温度	温升	自热阻
400	28.24	62	32	1.133 144 476
460	38.56	73	43	1.115 145 228
520	51.13	86.1	56.1	1.097 203 208

表 5-17　　　　　　YJV-400mm² 自热阻参数（第二层孔位）

I(A)	Q(W/m)	温度	温升	自热阻
400	28.33	63.1	33.1	1.168 372 75
470	40.69	76.8	46.8	1.150 159 744
520	51.44	88.4	58.4	1.135 303 266

表 5-18 　　　　　　　　　　YJV-120mm² 自热阻（第二层孔位）

I(A)	Q(W/m)	温度	温升	自热阻
200	21.23	58.1	28.1	1.323 598 681
230	29.01	68	38	1.309 893 14
250	35.13	75.5	45.5	1.295 189 297
280	45.91	88.6	58.6	1.276 410 368

表 5-19 　　　　　　　　ZRAYJV-400mm² 自热阻（第二层孔位）

I(A)	Q(W/m)	温度	温升	自热阻
400	28.27	63.2	33.2	1.174 389 813
470	40.61	76.8	46.8	1.152 425 511
520	51.36	88.5	58.5	1.139 018 692

表 5-20 　　　　　　　　　　YJV-70mm² 自热阻（第二层孔位）

I(A)	Q(W/m)	温度	温升	自热阻
150	20.91	59.3	29.3	1.401 243 424
180	31.56	73.3	43.3	1.371 989 861
205	42.86	87.9	57.9	1.350 909 939

利用均化后的各电缆自热阻代替原有转移矩阵中的自热阻，得到新的转移矩阵为

$$
\begin{bmatrix}
1.1152 & 0.3172 & 0.2122 & 0.1543 & 0.1157 & 0.0900 & 0.0729 & 0.3302 & 0.2810 & 0.2121 & 0.1285 & 0.1026 & 0.0839 \\
0.3172 & 1.1152 & 0.3172 & 0.2122 & 0.1543 & 0.1157 & 0.0900 & 0.2806 & 0.3302 & 0.2804 & 0.1634 & 0.1282 & 0.1022 \\
0.2122 & 0.3172 & 1.1152 & 0.3172 & 0.2122 & 0.1543 & 0.1157 & 0.2130 & 0.2810 & 0.3303 & 0.2130 & 0.1635 & 0.1287 \\
0.1543 & 0.2122 & 0.3172 & 1.1152 & 0.3172 & 0.2122 & 0.1543 & 0.1634 & 0.2126 & 0.2804 & 0.2806 & 0.2126 & 0.1631 \\
0.1157 & 0.1543 & 0.2122 & 0.3172 & 1.1152 & 0.3172 & 0.2122 & 0.1285 & 0.1635 & 0.2121 & 0.3302 & 0.2810 & 0.2125 \\
0.0900 & 0.1157 & 0.1543 & 0.2122 & 0.3172 & 1.1152 & 0.3172 & 0.1025 & 0.1282 & 0.1634 & 0.2806 & 0.3302 & 0.2802 \\
0.0729 & 0.0900 & 0.1157 & 0.1543 & 0.2122 & 0.3172 & 1.1152 & 0.0834 & 0.1026 & 0.1286 & 0.2130 & 0.2810 & 0.3309 \\
0.3302 & 0.2806 & 0.2130 & 0.1634 & 0.1285 & 0.1025 & 0.0834 & 1.3013 & 0.3572 & 0.2497 & 0.1497 & 0.1203 & 0.0982 \\
0.2810 & 0.3302 & 0.2810 & 0.2126 & 0.1635 & 0.1282 & 0.1026 & 0.3572 & 1.1513 & 0.3581 & 0.1899 & 0.1172 & 0.1203 \\
0.2121 & 0.2804 & 0.3303 & 0.2804 & 0.2121 & 0.1634 & 0.1286 & 0.2497 & 0.3581 & 1.1553 & 0.2497 & 0.1894 & 0.1487 \\
0.1285 & 0.1634 & 0.2130 & 0.2806 & 0.3302 & 0.2806 & 0.2130 & 0.1497 & 0.1899 & 0.2497 & 1.3013 & 0.3572 & 0.2498 \\
0.1026 & 0.1282 & 0.1635 & 0.2126 & 0.2810 & 0.3302 & 0.2810 & 0.1203 & 0.1172 & 0.1894 & 0.3572 & 1.1513 & 0.3572 \\
0.0839 & 0.1022 & 0.1287 & 0.1631 & 0.2125 & 0.2802 & 0.3309 & 0.0982 & 0.1203 & 0.1487 & 0.2498 & 0.3572 & 1.3747
\end{bmatrix}
$$

为了验证转移矩阵的有效性，在环温分别为 10、20、30、40℃时各取 5 组随机损耗，共 20 组损耗和温升作为测试数据，如表 5-21 所示。

表 5-21　　　　　　　　　　　20 组验证损耗　　　　　　　　　　　（W/m）

1	2	3	4	5	6	7	8	9	10	11	12	13
16.09	16.41	16.54	16.58	16.57	16.44	16.11	22.7	16.62	18.19	23.42	16.66	22.41
26.97	19.18	19.27	19.26	19.23	19.12	26.89	25.82	19.41	17.03	13	19.33	22.84
20.06	16.74	20.51	14.58	15.63	16.67	21.27	20.8	13.59	14.13	12.92	12.51	16.79
22.82	19.24	16.92	19.36	14.68	19.24	24.21	22.12	11.66	11.67	16.94	10.73	19.85
16.66	14.65	14.73	13.69	14.76	16.94	19.08	17.71	12.68	9.43	15	9.89	15.76
21.7	15.82	14.79	17.08	14.82	19.42	19.1	14.73	12.72	7.91	15.06	10.8	12.08
16.84	13.2	12.75	14.86	9.06	10.77	18.03	10.43	11.02	6.19	14.13	9.5	11.06
19.05	10.18	12.54	7.34	8.9	10.6	14.41	8.08	9.1	6.08	9.02	7.35	10.88
43.36	25.74	3.7	9.17	12.6	20.05	25.97	11.05	10.05	5.77	8.01	12.78	15.33
35.09	14.01	28.91	3.02	25.59	23.95	31.71	22.74	18.23	13.62	18.54	7.22	25.91
12.64	32.8	18.26	24.18	13	16.15	17.18	13.35	26.71	14.57	9.19	22.01	17.27
16.06	20.51	15.32	8.93	17.88	25.09	5.49	22.42	14.22	2.72	18.02	11.98	14.7
22.87	27.12	7.22	24.04	22.56	24.62	14.1	23.36	12.14	6.02	10.19	15.59	18.32
33.64	19.02	22.77	20.53	22.49	10.09	29.44	16.13	8.3	4.03	11.8	12.51	19.84
3.22	25.74	5	16.54	16.81	6.47	32.1	9.95	14.3	6.91	5.4	10.14	19.36
20.64	9.84	7.113	1.35	19.2	15.22	23.22	18.02	10.99	10.24	8.45	8.06	3.18
25.65	15.8	10.27	19.79	15.79	18.34	14.08	18.36	15.81	10.5	12.25	11.12	9.45
22.43	5.86	14.56	10.11	4.41	13.29	18.14	16.06	12.26	8.01	10.19	8.26	7.62
15.15	8	3.15	5.68	6.45	16.51	16.72	6.87	7.2	2.65	7.23	8.98	4.29
15.58	21.89	3.24	1.74	15.46	1.77	23.75	13.86	12.33	11.43	7.37	9.08	4.34

利用新的转移矩阵和表 5-21 给出的 20 组验证损耗，由 **AQ-T** 可以计算出排管电缆群的缆芯温升，然后将其与表 5-22 的验证温度进行对比，可以得到 YCMCAP 计算结果和转移矩阵计算结果的计算误差。最大偏差为 1.0108℃，满足工程要求。

表 5-22　　　　　　　　　　　20 组验证温度　　　　　　　　　　　（℃）

1	2	3	4	5	6	7	8	9	10	11	12	13
56.5	63.2	66.1	66.8	66.7	63.8	56.9	68.6	67.7	74	78.6	68.5	70.3
71.8	72.7	74.5	74.2	73.7	71.6	70.6	78.6	77	79.2	74.4	75.5	76.3
56.9	60.3	64.7	60.1	60	58.7	56.4	63.5	61.1	65	62.4	58.5	59.6

1	2	3	4	5	6	7	8	9	10	11	12	13
60.9	63.9	64.1	66.1	62.7	63.9	61.8	66.4	61.4	64.6	69	60.8	65.7
48.4	52	53.8	53.6	54.6	54.4	50.9	54.5	53.3	53.8	58.9	51.9	54.2
53.5	54.3	55.3	57.5	56	57.1	51.3	53	54.3	53.6	60.1	53.3	51
42.4	44.1	45.3	47	42.7	42.2	43.3	41.2	44.3	43.2	50.1	43.6	42.7
40.2	37.2	39.3	35.2	36.1	36.4	35.9	34.9	37.6	37	39.1	35.8	37.4
74.5	64.6	46.1	48.9	52.5	58.2	58.4	53.4	53.9	50.3	52.3	54.8	56
77.5	68.8	79.9	61.4	77.9	75.9	75.3	75.5	74.9	74.9	78.4	66.9	79.5
56.2	78.8	70.9	73.3	63.3	62.2	56.4	62.1	77.7	73.1	64.7	70.2	64
50.5	58.3	55.2	50.9	58.1	60.7	39.9	61.1	56.3	48.6	62.8	54.2	52.6
61.6	69.4	56.7	69.4	69.1	67.9	53.4	67.8	61.5	58.4	63.3	64	63.3
69.2	64.2	68.3	67.3	67.9	57.1	65.3	60.8	57.6	56.5	63.9	61.2	65.5
32.4	54.1	41.6	50.7	51.7	44.5	59.7	41.1	48.3	45.7	45.8	48.8	56.8
46.3	41.1	38.8	34.7	48.7	45.5	47	49.3	44.6	45.4	43.5	40.9	33.9
58.8	56.3	53.2	59.7	56.2	54.8	45.5	58.9	59	57.3	57.1	51.8	46.5
47.1	38.5	44.7	40.7	35.8	41	41	47.2	45.2	43.5	43.3	39.3	36.7
31.4	28.2	24.8	27.5	29.8	37.7	35.2	27.5	28.8	26.2	32.4	33	27.8
41.3	48.8	34.5	31.7	41	30.4	43	43.8	44.3	44.5	38.4	37	31.4

然后利用一组给定电流数据，通过热电耦合验证转移矩阵，方法通直埋电缆。取各电缆输入电流如表 5-23 所示，环境温度 40℃，土壤导热系数为 1℃·m/W，热电耦合迭代过程如图 5-4 所示，CYMCAP 计算结果和迭代计算舍入后结果如表 5-24 所示，最高误差为 0.7℃，满足工程需要。

表 5-23 热电耦合验证组电流 （A）

电缆编号	1	2	3	4	5	6	7	8	9	10	11	12	13
输入电流	280	260	250	250	250	260	280	160	250	250	130	250	110

表 5-24 热电耦合验证结果 （℃）

电缆编号	1	2	3	4	5	6	7	8	9	10	11	12	13
CYMCAP	82.2	85.2	85.9	85.7	85.4	84.4	81.3	87	87.2	88.1	87.5	86.1	84.5
转移矩阵	82.6	85.6	86.3	86.2	85.8	84.8	81.8	87.7	87.2	88.6	88	86.2	85.1
误差	0.4	0.4	0.4	0.5	0.4	0.4	0.5	0.7	0.0	0.5	0.5	0.1	0.6

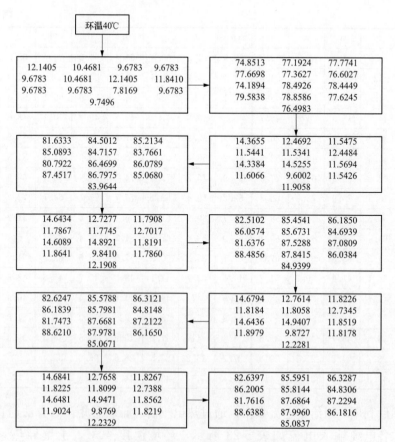

图 5-4　排管段电缆稳态温升热电耦合迭代过程

第六章 地埋电缆群缆芯暂态温升计算实例

实例线路与第五章线路参数相同。

第一节 直埋电缆群暂态温升计算实例

环温为35℃，土壤导热系数为1℃·m/W，每根电缆单独加电流650A，每根电缆总损耗为61.74W/m。取暂态时间步长为0.25h，仿真时间取167h，利用CYMCAP计算得到每根电缆缆芯的暂态温升，共计668个点暂态温升数。以此数据为基准，利用暂态热路模型求解算法和遗传算法可以求得其自热热路模型参数和互热热路模型参数，如表6-1和表6-2所示。

表 6-1 直埋段自热热路模型参数

线路	C_1	C_2	R_1	R_2
电缆 1	14.1367	301.7655	0.479	0.7193
电缆 2	13.929	302.7052	0.4913	0.721

表 6-2 直埋段互热热路模型参数

C_3	R_3	L_2	R_4
0.5526	358.676	0.05	0.273

利用所得参数，进行综合验证，即两根电缆均通580A电流，环温为40℃，仿真和CYMCAP计算结果对比如图6-1～图6-4所示。167h后，两根电缆两种方法所得结果偏差均小于0.5℃。

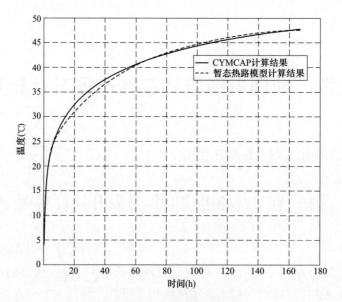

图 6-1　直埋 1 号电缆暂态温升

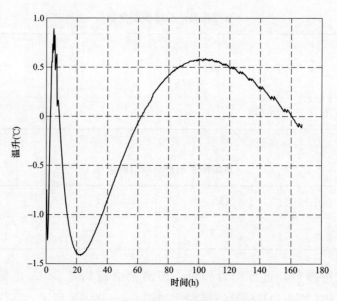

图 6-2　直埋电缆 1 计算结果误差曲线

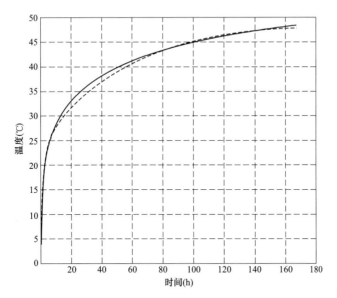

图 6-3　直埋 2 号电缆暂态温升

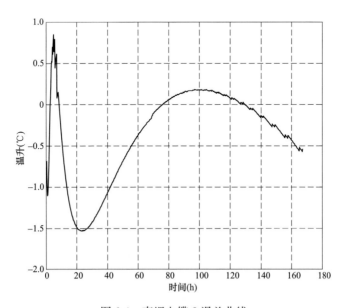

图 6-4　直埋电缆 2 误差曲线

第二节　排管电缆群暂态温升计算实例

一、暂态热路模型参数

1. 自热热路模型参数

取环境温度为 30℃，土壤导热系数为 1℃·m/W，分别对每根电缆加电流，不考虑热电耦合，利用 CYMCAP 计算每根电缆的自热暂态温升曲线，暂态计算时长为 167h，每小时分为 4 个时间步，共计 668 个时间步。

然后利用 MATLAB，采用遗传算法优化求解暂态热路模型热阻、热容、热感参数，获得的自热暂态热路模型参数如表 6-3 所示。

表 6-3　　　　　　　　　排管段自热热路模型参数

电缆	C_1	C_2	R_1	R_2
电缆 1	15.4212	235.2036	0.8756	1.13
电缆 2	15.4212	235.2036	0.8756	1.13
电缆 3	15.4212	235.2036	0.8756	1.13
电缆 4	15.4212	235.2036	0.8756	1.13
电缆 5	15.4212	235.2036	0.8756	1.13
电缆 6	15.4212	235.2036	0.8756	1.13
电缆 7	15.4212	235.2036	0.8756	1.13
电缆 8	10.0085	260.3756	0.9859	1.28
电缆 9	14.6108	301.6779	0.8874	1.13
电缆 10	15.4266	250.0777	0.8774	1.13
电缆 11	10.0085	260.3756	0.9859	1.28
电缆 12	14.6108	301.6779	0.8874	1.13
电缆 13	8.4817	210.6037	1.064	1.35

2. 互热参数

在计算自热时，同时获得了在相邻电缆的互热温升，利用遗传算法，可以计算得到互热热路模型的参数。电缆 1 对其余 12 根电缆的互热参数如表 6-4 所示。

表 6-4　　　　　　　　　互热热路模型参数

互热电缆	C_3	R_3	L_3	R_4
1-2	0.292 198	864.764 581	388.924 715	0.200 265
1-3	0.712 236	687.635 636	38 517.0474	0.127 811
1-4	3.666 593	102.868 972	24 350.621 51	0.062 222

互热电缆	C_3	R_3	L_3	R_4
1-5	8.886 828	9.595 031 5	18 269.252 3	0.028 571 9
1-6	44.238 746 48	4.704 452	53 921.343 99	0.151 648 7
1-7	71.563 112 8	0.371 218 26	43 742.097 43	0.086 396 7
1-8	0.155 810 6	1714.889 521	3370.969 951	0.197 534 7
1-9	0.180 020 3	2108.976 386	39 280.746 21	0.166 669 8
1-10	1.589 301 36	327.467 526 4	26 793.357 32	0.113 270 763
1-11	6.411 102 16	51.172 014	45 762.718 85	0.048 142
1-12	51.340 448 5	0.376 098 6	39 893.100 71	0.119 301 4
1-13	75.319 932	2.720 151	54 445.451 15	0.107 441

二、阶跃电流暂态温升

环温为 20℃，频率 50Hz，土壤导热系数为 1℃·m/W。排管段内所有电缆工作在稳态，某时刻，其中一根电缆需要增容或短时传输应急负荷电流。验算每一根电缆在阶跃负荷电流下的暂态过程。表 6-5 给出了电缆的稳态电流和阶跃电流。在其他电缆负荷电流不变的情况下，某根电缆突然增大电流，计算 144h 后的暂态温度。

表 6-5　　　　　　　　　　　电缆稳态和暂态电流　　　　　　　　　　（A）

电缆编号	1	2	3	4	5	6	7	8	9	10	11	12	13
稳态电流	300	300	300	300	300	300	300	160	300	260	160	300	120
阶跃电流	510	450	450	450	450	450	510	250	450	390	240	450	180

利用已经获得的自热热路模型参数，可以求解每根电缆的暂态缆芯温升。表 6-6 给出了初期稳态电流下的缆芯温度、CYMCAP 软件计算得到的每根电缆在阶跃电流下的缆芯温度和利用本书自热热路模型计算得到的每根电缆在阶跃电流下的缆芯温度，最后给出了两种计算方法的误差，可以看出每根电缆的误差均小于 0.5℃。证明了利用本书所给出的自热热路模型可以有效计算排管电缆在阶跃电流下的缆芯温度，且精度较高。

表 6-6　　　　　　　　　　电缆稳态、暂态温度和误差　　　　　　　　（℃）

电缆编号	1	2	3	4	5	6	7	8	9	10	11	12	13
稳态温度	62.1	67.3	69.7	70.5	70.9	69.1	63.7	61.7	69.2	69.2	68.9	71.9	65.4
CYMCAP 结果	89.2	85.6	88.3	88.8	89.2	87.8	90.5	85.4	86.7	84.2	88.2	90.3	88.5
热路模型结果	88.9	85.5	88.1	88.6	89	87.6	90.2	85.1	86.5	84.5	87.9	90	88.2
误差	−0.3	−0.1	−0.2	−0.2	−0.2	−0.2	−0.3	−0.3	−0.2	0.3	−0.3	−0.3	−0.3

为了更形象地给出自热热路模型计算结果与 CYMCAP 计算结果的对比，图 6-5～图 6-12 给出了两种方法计算出的每根电缆的温升曲线以及误差曲线。

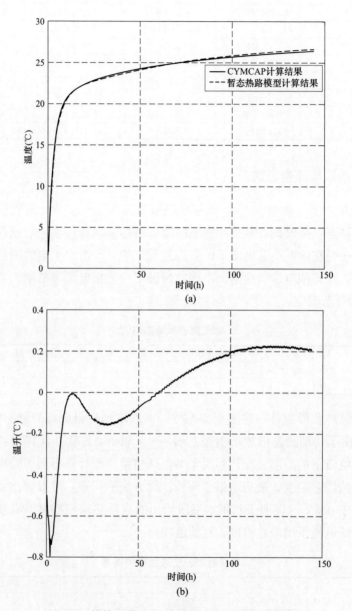

图 6-5　排管电缆 1、7 在阶跃电流下的暂态温升
（a）暂态计算结果与 CYMCAP 计算结果温升；（b）误差曲线

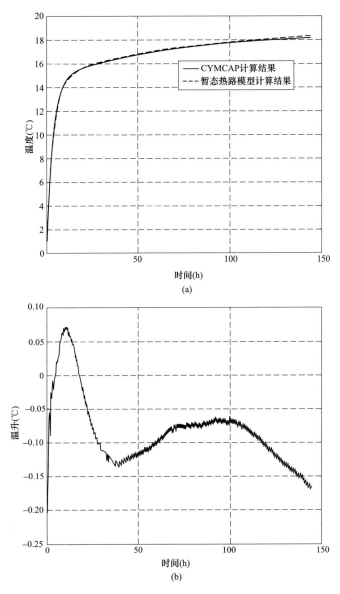

图 6-6 排管电缆 2-6 在阶跃电流下的暂态温升

（a）暂态计算结果与 CYMCAP 计算结果温升；（b）误差曲线

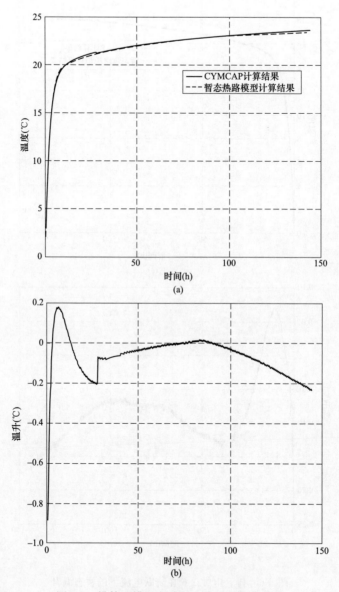

图 6-7　排管电缆 8 在阶跃电流下的暂态温升

（a）暂态计算结果与 CYMCAP 计算结果温升；（b）误差曲线

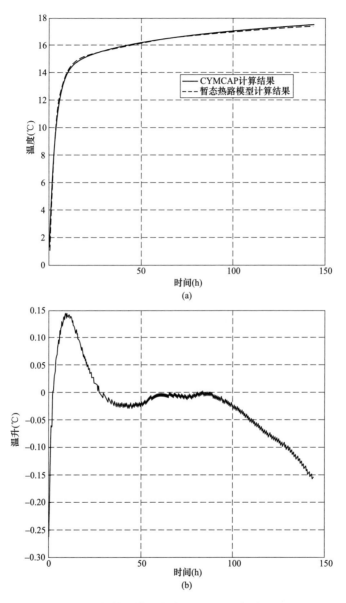

图 6-8 排管电缆 9 在阶跃电流下的暂态温升

（a）暂态计算结果与 CYMCAP 计算结果温升；（b）误差曲线

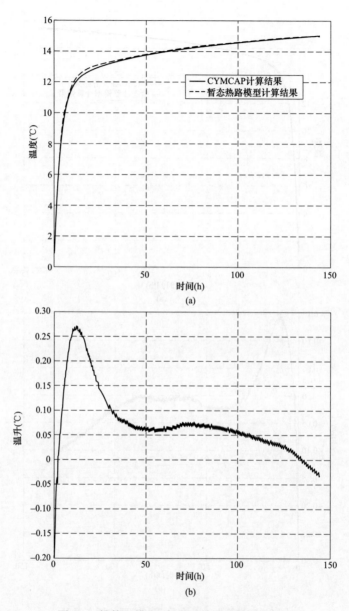

图 6-9　排管电缆 10 在阶跃电流下的暂态温升

（a）暂态计算结果与 CYMCAP 计算结果温升；（b）误差曲线

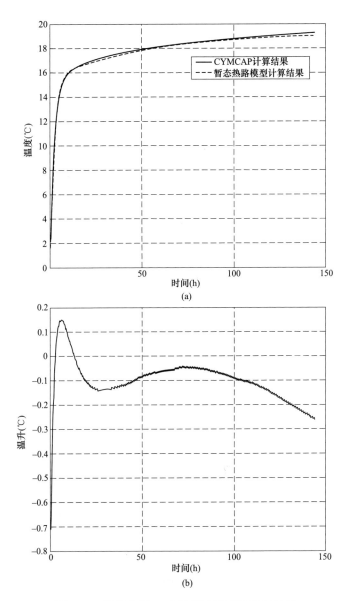

图 6-10 排管电缆 11 在阶跃电流下的暂态温升

（a）暂态计算结果与 CYMCAP 计算结果温升；（b）误差曲线

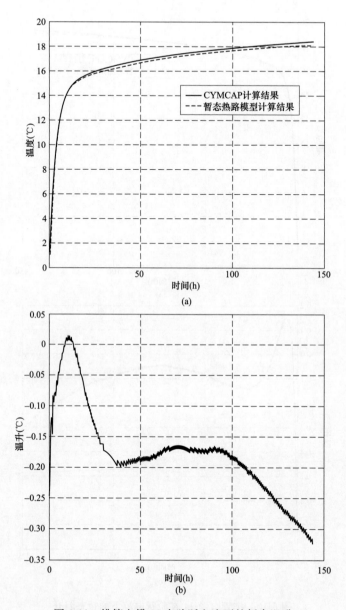

图 6-11　排管电缆 12 在阶跃电流下的暂态温升

（a）暂态计算结果与 CYMCAP 计算结果温升；（b）误差曲线

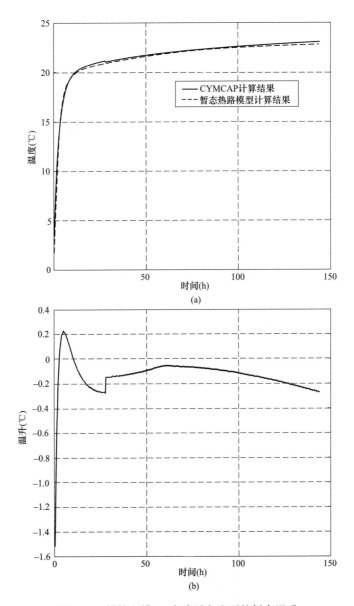

图 6-12　排管电缆 13 在阶跃电流下的暂态温升

（a）暂态计算结果与 CYMCAP 计算结果温升；（b）误差曲线

三、周期性负荷电流暂态温升

环境参数与阶跃负荷工况相同，初期为稳态电流，某时刻电缆负荷电流转化为周期性负荷，周期性负荷电流施加 144h。以电缆 2 为例，周期性负荷曲线如图 6-13 所示。

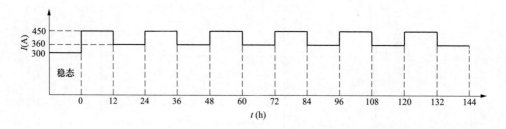

图 6-13　周期性负荷曲线

各电缆的稳态电流、周期负荷峰值电流和周期负荷谷值电流如表 6-7 所示。每根电缆在周期性负荷下的暂态温升计算仍使用本书所提出的自热热路模型，热路模型参数如表 6-3 所示。

表 6-7						电缆稳态和暂态电流						（A）
电缆编号	1	2	3	4	5	6	7	8	9	10	11	12	13
稳态电流	300	300	300	300	300	300	300	160	300	260	160	300	120
周期峰值电流	510	450	450	450	450	450	510	264	450	442	240	450	180
周期谷值电流	408	360	360	360	360	360	408	211	360	354	192	360	144

为了更形象地给出自热热路模型计算结果与 CYMCAP 计算结果的对比，下面给出两种方法给出的每根电缆的温升曲线以及误差曲线。

从图 6-14～图 6-21 可以看出，大多数电缆在周期性负荷下的计算误差小于 0.3℃，个别电缆的计算误差大于 0.5℃，只有电缆 13 的计算误差大于 1℃，但也小于 1.5℃。

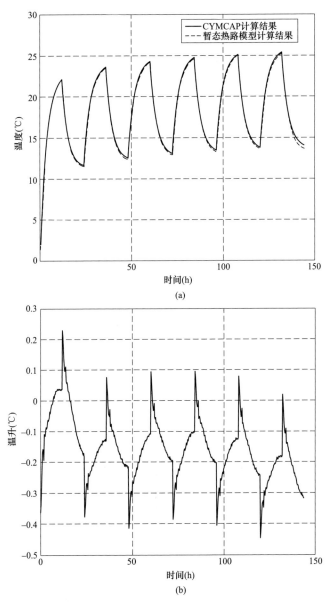

图 6-14 排管电缆 1、7 在周期性负荷下暂态温升

（a）周期性负荷暂态温升计算结果；（b）误差曲线

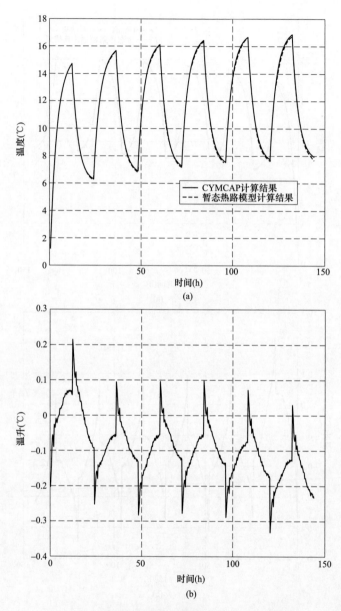

图 6-15 排管电缆 2-6 在周期性负荷下暂态温升

(a) 周期性负荷暂态温升计算结果；(b) 误差曲线

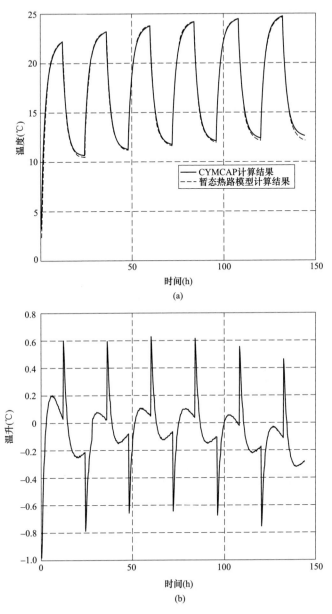

图 6-16　排管电缆 8 在周期性负荷下暂态温升

（a）周期性负荷暂态温升计算结果；（b）误差曲线

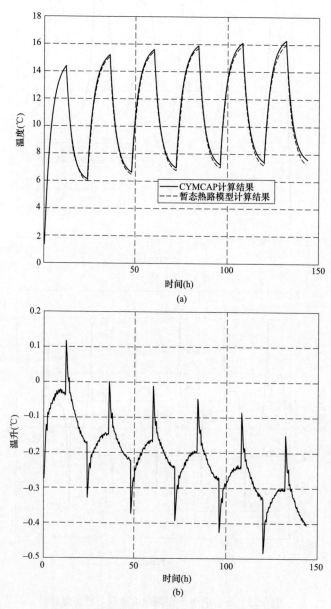

图 6-17 排管电缆 9 在周期性负荷下暂态温升

(a) 周期性负荷暂态温升计算结果；(b) 误差曲线

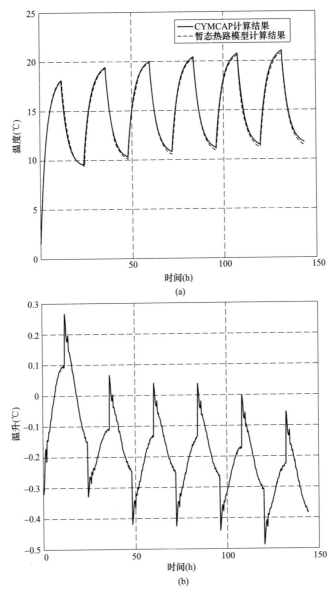

图 6-18　排管电缆 10 在周期性负荷下暂态温升

（a）周期性负荷暂态温升计算结果；（b）误差曲线

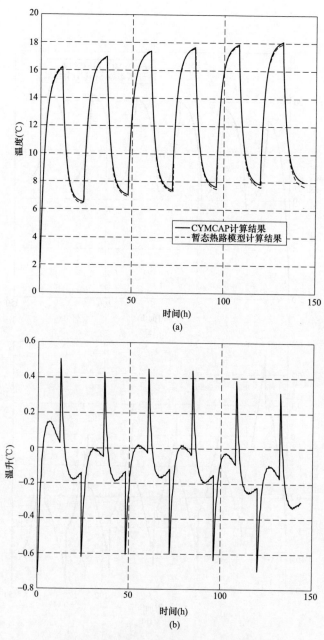

图 6-19　排管电缆 11 在周期性负荷下暂态温升

（a）周期性负荷暂态温升计算结果；（b）误差曲线

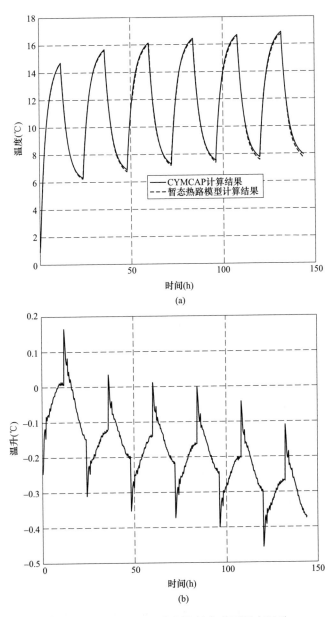

图 6-20 排管电缆 12 在周期性负荷下暂态温升

（a）周期性负荷暂态温升计算结果；（b）误差曲线

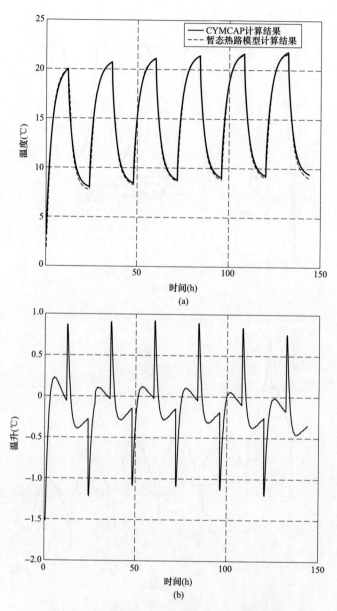

图 6-21　排管电缆 13 在周期性负荷下暂态温升

（a）周期性负荷暂态温升计算结果；（b）误差曲线

四、综合验证

土壤热阻系数与上相同，环境温度取 40℃。各电缆初期负荷电流为 0，某时刻均施加阶跃负荷，负荷电流和对应的损耗如表 6-8 所示。

表 6-8 电缆阶跃电流和损耗

电缆编号	1	2	3	4	5	6	7	8	9	10	11	12	13
阶跃电流（A）	440	380	360	360	360	380	440	220	380	360	200	380	150
损耗（W/m）	28.3	21.1	18.9	18.9	18.9	21.1	28.3	21.5	21.1	18.7	17.8	21.1	17.1

由于所有电缆的电流均为阶跃电流，在计算暂态温升时需要同时计算每根电缆的自热温升和其对其余电缆的互热温升，最后按"分散＋组合"的原则，将每根电缆的自热和其余所有电缆对其的互热相加，得到该电缆的实际温升。

图 6-22～图 6-34 给出了每根电缆暂态热路模型计算结果与 CYMCAP 计算结果的对比，以及两种方法计算结果之间的误差。只有一个电缆暂态温升误差短暂地超过 2℃，大多数电缆的最高暂态温升误差均小于 2℃，所有电缆大多数暂态温升平均误差均小于 1℃，144h 后的末端误差大多数小于 0.5℃。可以满足工程实际对计算误差的要求。

由于对所有电缆的自热和互热进行计算，最终结果是自热和所有相邻电缆互热的和，因此误差比单独计算某一根电缆的自热时要大，但仍然在可控范围内。如果要进一步提高计算精度，则可以多次对参数进行优化，逐步缩小范围，或探索参数的变化规律，依据规律修正参数，可以提高热路模型参数的精确性，提高计算精度。

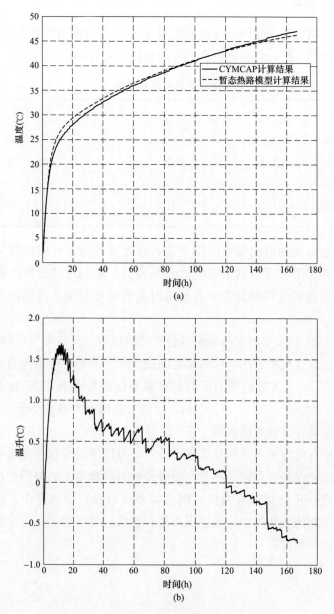

图 6-22　排管电缆 1 在阶跃负荷下暂态温升

（a）阶跃负荷暂态温升计算结果；（b）误差曲线

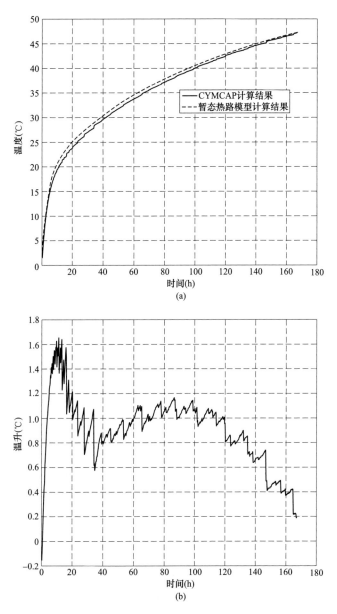

图 6-23　排管电缆 2 在阶跃负荷下暂态温升

（a）阶跃负荷暂态温升计算结果；（b）误差曲线

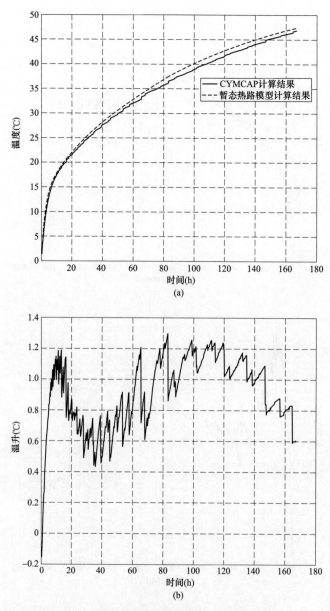

图 6-24 排管电缆 3 在阶跃负荷下暂态温升

（a）阶跃负荷暂态温升计算结果；（b）误差曲线

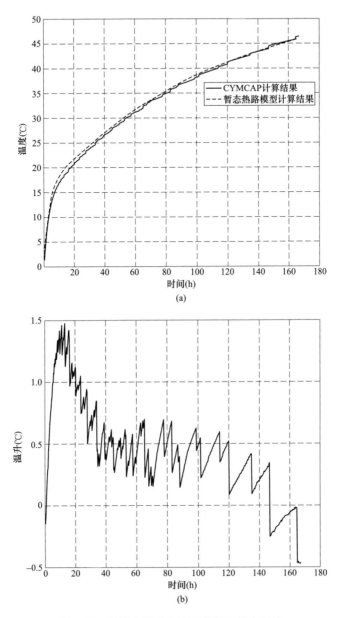

(a)

(b)

图 6-25　排管电缆 4 在阶跃负荷下暂态温升

（a）阶跃负荷暂态温升计算结果；（b）误差曲线

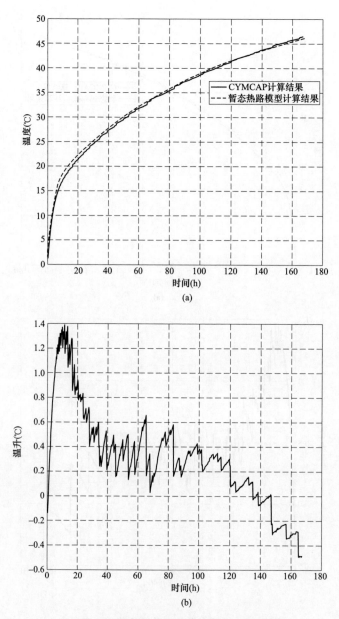

(a)

(b)

图 6-26 排管电缆 5 在阶跃负荷下暂态温升

(a) 阶跃负荷暂态温升计算结果；(b) 误差曲线

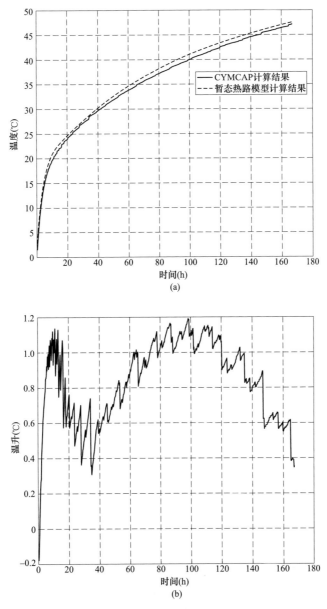

图 6-27　排管电缆 6 在阶跃负荷下暂态温升

（a）阶跃负荷暂态温升计算结果；（b）误差曲线

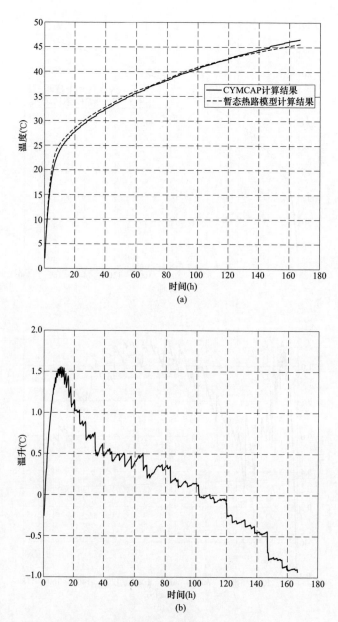

图 6-28　排管电缆 7 在阶跃负荷下暂态温升

（a）阶跃负荷暂态温升计算结果；（b）误差曲线

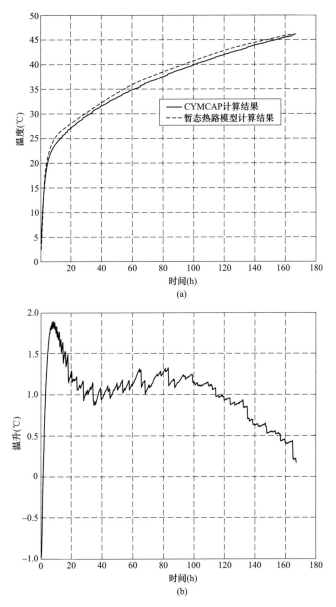

图 6-29　排管电缆 8 在阶跃负荷下暂态温升

（a）阶跃负荷暂态温升计算结果；（b）误差曲线

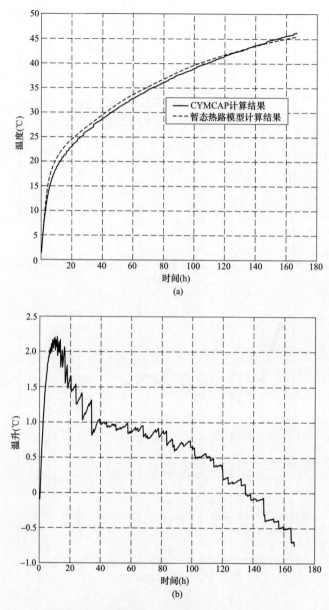

图 6-30　排管电缆 9 在阶跃负荷下暂态温升

（a）阶跃负荷暂态温升计算结果；（b）误差曲线

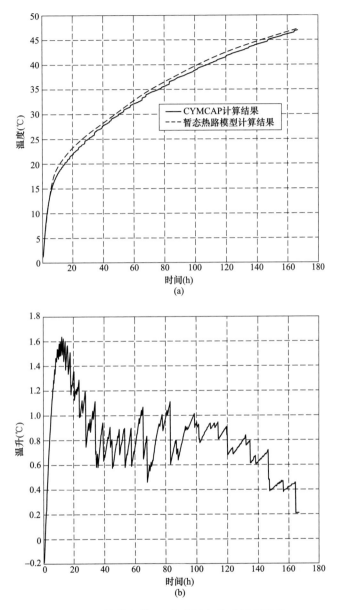

图 6-31　排管电缆 10 在阶跃负荷下暂态温升

（a）阶跃负荷暂态温升计算结果；（b）误差曲线

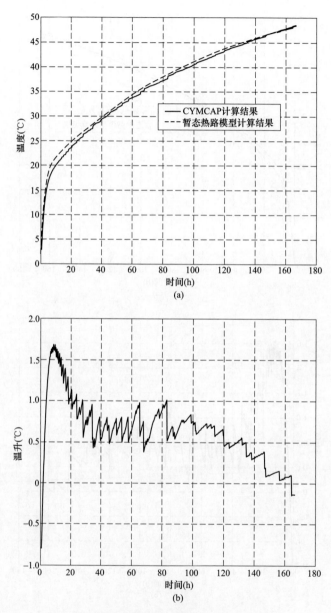

图 6-32　排管电缆 11 在阶跃负荷下暂态温升

（a）阶跃负荷暂态温升计算结果；（b）误差曲线

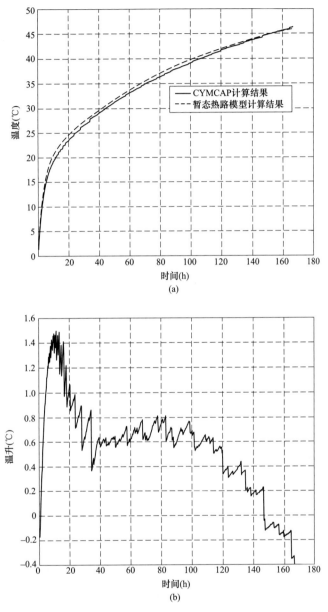

图 6-33 排管电缆 12 在阶跃负荷下暂态温升

（a）阶跃负荷暂态温升计算结果；（b）误差曲线

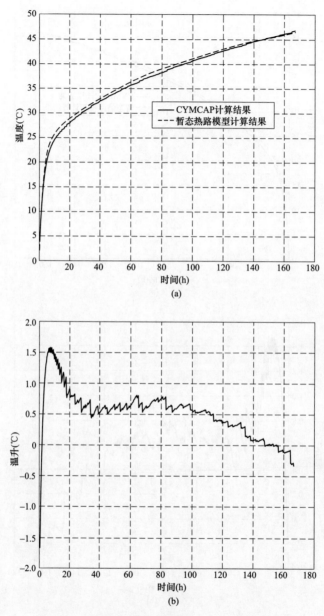

图 6-34 排管电缆 13 在阶跃负荷下暂态温升

(a) 阶跃负荷暂态温升计算结果;(b) 误差曲线

参 考 文 献

[1] 庄小亮，余兆荣，牛海清，等．日负载系数与 10kV XLPE 电缆周期负荷载流量关系的试验研究 [J]. 2014，34（4）：168-172.

[2] 雷成华，刘刚，阮班义，等．根据导体温升特性实现高压单芯电缆动态增容的实验研究 [J]. 高电压技术，2012，38（6）：1397-1402.

[3] 余兆荣，牛海清，庄小亮，等．直埋配电电缆应急负荷载流量的试验及其应用 [J]. 绝缘材料，2014，47（5）：82-86.

[4] 刘刚，王鹏，李文祥．10kV 三芯电缆应急时间计算模型与验证 [J]. 华南理工大学学报（自热科学版），2016，44（2）：81-88.

[5] 杨洋，周辐捷，王媚，等．超高压输电电缆动态增容计算及双线增容策略 [J]. 华东电力，2014，42（9）：1774-1779.

[6] Anders G J. Rating of electric power cables in unfavorable thermal environment [M]. New Jersey：Wiley，2005.

[7] 梁永春．高压电力电缆载流量数值计算 [M]. 北京：国防工业出版社，2012.

[8] 徐志钮，樊明月，赵丽娟，等．基于分布式光纤传感的输电线路温度和应变快速测量方法 [J]. 高电压技术，2020，46（9）：3124-3134.

[9] WANG Pengyu，MA Hui，LIU Gang，et al. Dynamic thermal analysis of high-voltage power cable insulation for cable dynamic thermal rating [J]. IEEE ACCESS，2019，（7）：56095-56106.

[10] ZHAN Qinghua，RUAN Jiangjun，TANG Ke，et al. Real-time calculation of three cable conductor temperature based on thermal circuit model with thermal resistance correction [J]. The Journal of Engineering，2019，2019（16）：2036-2041.

[11] 陈军，李永丽．应用于高压电缆的光线分布式温度传感新技术 [J]. 电力系统及其自动化学报，2005，17（3）：47-50.

[12] 赵建华，袁宏永，范维澄．基于表面温度场的电缆线芯温度在线诊断研究 [J]. 中国电机工程学报，1999，19（1）：52-55.

[13] 赵健康，姜芸，杨黎明，等．中低压交联电缆密集敷设载流量试验研究 [J]. 高电压技术，2005，31（10）：55-58.